U0010232

聽說你的憂鬱
被一株植物療癒了

The hero house plants
that will love you back

法蘭‧貝莉　著

陳錦慧　譯

綠之鈴

與<u>植物</u>
共舞

　　當前這個時代，城市人口日漸成長，住家或辦公室都有中央空調，我們比過去任何年代都更需要植物。我們與植物的關係根深蒂固，從我們呼吸的空氣到我們吃的食物，植物提供我們生存的基本需求。

　　植物是地球的肺臟，吸收二氧化碳，再將氧氣送回大氣層。除此之外，植物也為我們提供營養、住房、保暖與藥物。我們的祖先重視植物，也利用樹皮、種子、根、油和果實維持健康對抗疾病。他們對植物的了解或許是透過直觀與試誤學習而來，但代代相傳之下，這份知識漸漸累積。到如今，我們對植物的治療功效已經有更深的認識，也知道它們的非凡效用。比如有些可以幫助我們保持腦筋靈活，消除壓力；可以讓食物更營養美味。可以為我們的居住和辦公環境帶來歡欣與美。

植物不但調節地球的大氣層，還格外盡心盡力在我們的住家呵護我們。美國太空總署的科學家為了淨化太空站的空氣展開研究，找出最能淨化空氣的植物。這些研究讓我們知道植物如何濾除空氣中常見的汙染物，再將氧氣送回大氣中。它們還能為我們乾燥的空調環境增加濕度，吸收揮發性物質。這些揮發性物質通常是家具、組裝商品、清潔用品和空氣清新劑釋出的有害化合物。我們跟植物還有某些更微妙的關係。我們與大自然的接觸雖然不像我們的祖先那麼密切，卻也有著與生俱來的渴望，想要靠近花草樹木的綠色世界。研究顯示，在鄉間與都市公園散步，或在花園裡蒔花弄草，都對我們的身心健康頗有助益。至於住在公寓或大樓、沒有戶外空間的人，種植與照料盆栽是個絕佳途徑，能重拾與有生命的植物之間的關係。把植物（特別是來自熱帶的植物）帶進我們明亮溫暖的家中，等於把戶外帶進室內，也為我們的居住空間增添一點異國氛圍。

照料家裡的植物也能減輕我們的生理與心理壓力。光是觀賞或觸摸植物，據說就能讓人心情開朗。在辦公室擺些盆栽，更能提高工作效率和專注力。生病的時候

接觸植物甚至能加速療癒，讓身心更健全。再者，植物也十分悅目。有它們在，屋子裡頓時鮮活起來，沙發或室內裝飾都不會有這樣的效果。室內盆栽很容易取得，種類也包羅萬象。目前正是為自己的家添購盆栽的最佳時機，學習照顧植物，也讓它們照顧你。

如何使用本書

這本書的目的是幫助你認識植物的療癒能力，依照各單元主題介紹幾種植物，詳述它們的特定功效。即使你家裡已經有這些植物，能夠更深入了解它們的特性和需求，也是一大樂事。你對家中植物了解越多，你和植物本身就越能從彼此的關係中受益。愛你的植物，它們也會用愛回報你。

關於植物的命名

植物的命名是雷區，大多數植物除了擁有一個拉丁文學名之外，至少還有五六個俗名。本書介紹的植物會選用一個俗名搭配拉丁學名，避免某些自相矛盾的俗名造成混淆。植物的拉丁學名第一個字是屬名，以大寫字母開頭，指明植物所屬的「組別」。屬名之後是種名，用小寫字母，描述這種植物的特徵。例如月兔耳（panda plant）的學名是Kalanchoe tomentosa，其中tomentosa意思是毛茸茸，描述月兔耳葉面的天鵝絨質感。

寶蓮花與鹿角蕨

Chapter 01

撫慰

與

放鬆

的植物

　　屋子裡的植物只要放對，就能營造出輕鬆悠閒的氛圍。把大自然帶進家門，就是在創造更安詳、更接地氣的環境。經常看見植物，與它們接近，甚至只是看看綠色的物品，我們的心情就會更平靜，可以應付生命拋擲過來的任何挑戰。

雙線竹芋

PIN-STRIPE CALATHEA / CALATHEA ORNATA

○ 光照：喜歡略微陰暗、沒有直射光的位置，強光可能會灼傷葉片。細心觀察，你會發現葉片能改變方向來適應光線條件。

〰 濕度：喜歡較高的濕度，不妨與其他盆栽放在一起，創造潮濕的微型氣候（microclimate），或者在盆器底下墊一盤濕石子。

○ 水分：充分澆透，讓土壤吸飽水；下一次等土壤乾透再澆水。缺水時葉片會捲起。

＋ 照顧：竹芋很適合用來點亮客廳的陰暗角落，但不喜歡待在風口。想種出健康的竹芋，夏季每兩星期使用半濃度肥料。放在溫暖的位置，溫度不低於攝氏十六度。

雙線竹芋被譽為森林地面植物之后，它無與倫比的美麗外觀可謂不負盛名。對初學者來說可能有點難度，但只要掌握光線條件，它就能長得好，活得久。你還會發現，雙線竹芋溫順高雅的氣質為周遭帶來一股恬靜。葉片正面的粉紅線條彷彿手繪，深紫紅色的背面可以吸收陰暗光線。讓雙線竹芋茂盛茁壯的祕訣是給它們溫暖、濕氣與斑駁光，就像生長在它的故鄉亞馬遜雨林。

鹿角蕨

STAGHORN FERN / PLATYCERIUM BIFURCATUM

○ 光照：鹿角蕨有別於大多數蕨類，喜歡明亮的非直射光。

〢 濕度：鹿角蕨的葉片可以吸水，定期噴霧和較高濕度對它有好處。低溫季節持續噴霧，尤其全天候開暖氣時。浴室光線充足濕度偏高，是相當合適的位置。

○ 水分：澆水頻率視溫度與濕度而定。用手觸摸橢圓形葉子背面底部，如果覺得乾燥，可以將植株放進水中浸泡幾分鐘。土壤乾透再澆水，水分太多可能導致根部腐爛。

十 照顧：使用蘭科植物專用土或樹皮碎屑。比較小的圓形葉片老化後會轉為棕色，這不代表植株即將死亡，千萬不要摘除。

體型巨大的鹿角蕨高貴優雅，只要妥善照顧，會是絕佳的居家盆栽。想要養出美觀健康的鹿角蕨，關鍵在於了解它在原生棲地——熱帶地區——的生長情況。鹿角蕨如同蘭科植物和空氣鳳梨，都是附生植物。它小小的根鬚附著在宿主的樹皮上，靠著狀似鹿角的綠葉吸收營養與水分。在野外，鹿角蕨可以長到十分壯觀，葉片從森林高處的樹杈流瀉而下。

你或許看過栽植在樹皮上的鹿角蕨，這是為了模仿它們的原生森林棲地，也是在家裡栽植的理想方式。鹿角蕨也可以栽種在盆子裡，只是，如果用吊籃高高掛起獨立展示，它們的美貌更能充分顯露。這麼一來，它們垂落的葉片可以在牆壁上投射出陰影，創造出歲月靜好的氛圍。

文竹

ASPARAGUS FERN / ASPARAGUS SETACEUS

○ 光照：喜歡明亮的非直射光。如果光線太暗，它們的針葉會發黃掉落。光線太強則會灼傷葉子。

⧔ 濕度：喜歡高濕。

◊ 水分：春秋之間的生長季節定期澆水，冬日酌量減少。

✚ 照顧：冬天遠離暖氣口。暖氣運轉時室內濕度可能會降低，定期噴霧文竹才能長得好。

結束一日的辛勞，回到綠意盎然的家，高雅內斂的文竹能夠讓你放鬆心情。文竹雖然跟食用蘆筍有親戚關係，卻不可食用。它也不是蕨類，所以它的英文俗名「蘆筍蕨」（asparagus fern）很容易誤導。野生文竹擅長攀爬，使用莖部的小小背脊攀附鄰近的高大植物往上爬。文竹長到成熟期，枝葉不再聚集，它的羽狀葉莖會向外伸展，變得像觸鬚。

兔腳水龍骨

RABBIT-FOOT FERN / PHLEBODIUM AUREUM

○ 光照：偏好中到低光照；
如果氣溫涼爽，可以承受
明亮的非直射光。直接日
照會灼傷葉片。

〰 濕度：喜高濕，定期噴霧
有益生長。

◊ 水分：定期適量澆水，土
壤積水對植株有害。務
必確認多餘的水分可以排
出，以免根莖腐爛。

✛ 照顧：冬季遠離暖氣口，
換盆時使用樹皮碎屑等排
水良好的介質。

　　兔腳水龍骨之所以有別於其他蕨
類，正是在於它獨特的藍灰色柔軟葉
片。它與大多數附生植物一樣，生長
在陰暗雨林的樹皮上。兔腳水龍骨喜
歡涼爽、陰暗潮濕的環境，因此適合
放在面北的廚房裡。更理想的是面北
的浴室，可以在裡面擺放各種蕨類，
打造一片恬靜放鬆的綠帶。

豹紋竹芋

PRAYER PLANT / MARANTA LEUCONERA

○ 光照：斑駁光。

〰 濕度：定期噴霧，或在盆底墊一盤濕石子。如果葉片末端變成棕色，代表濕度不足。

◌ 水分：春季到秋季保持土壤濕潤，冬季稍微乾一點。

✛ 照顧：偏好攝氏十六度以上的氣溫，溫暖的浴室是合適地點。跟其他植物擺放在一起，營造潮濕的微型氣候，有利豹紋竹芋的生長。

　　豹紋竹芋的葉片入夜後會聚攏閉合，像祈禱時交握的雙手，等到旭日東昇又會舒展開來，因此另有祈禱草（prayer plant）的俗名。這個輕柔的動作提醒我們找時間休息，或者每天早晨和夜晚靜心冥想幾分鐘。豹紋竹芋葉片正面有著曼妙紋路，背面又是耀眼的深紅，被譽為最美麗的居家植物。

寶蓮花

ROSE GRAPE / MEDINILLA MAGNIFICA

○ 光照：喜歡明亮的非直射光。

〴 濕度：中到高。定期噴霧，或在盆底墊一盤濕石子。

◊ 水分：土壤乾透再澆水。冬天花期結束後，澆水頻率減少，大約兩星期一次。等到春天花梗生長，再增加水分。

✛ 照顧：夏季每兩星期施給一次高鉀液態肥料。花謝後移除花莖。

寶蓮花的垂拱花梗與粉紅色苞片嬌美動人，玫瑰紅的花朵充滿異國風情。只要環境合適，用點心思照顧，來自熱帶的寶蓮花也能成為令人驚豔的居家盆栽。寶蓮花喜歡潮濕環境，每天噴霧有益它的生長。忙碌一天後，全神貫注為它噴霧，也能讓人心情平靜。

龜背芋

SWISS CHEESE PLANT / MONSTERA DELICIOSA

○ 光照：偏好斑駁光，避免明亮的直射光。幼株能夠承受一定程度的陰暗，在人工光照下生長良好。成株後移到比較明亮的自然光環境。

〰 濕度：中；每隔幾天噴霧一次。如果養在苔蘚桿上，可以對苔蘚桿噴霧，促進氣根生長，攀附更牢固。

◊ 水分：在氣溫偏高的夏季，土壤表層乾燥時才澆水。冬季減少澆水頻率。

＋ 照顧：龜背芋喜歡朝光源生長，所以天窗下或樓梯間是十分理想的位置。氣根會自然從龜背芋的莖生長出來，無須理會，長得太長可以剪掉。氣根位置如果夠低，可以引導回土壤裡。經常以濕布擦拭葉片清除灰塵。必要時可以在春天修剪。

龜背芋不難照顧，是熱門的居家植物。它的幼株是深綠色心形葉片，成株後開始裂葉，因此得名。龜背芋是天生的攀爬高手，通常栽植在苔蘚桿上出售。健康的龜背芋生長迅速，會是引人注目的落地型盆栽。它莊嚴的外觀讓整個室內環境顯得祥和又寧靜。

空氣鳳梨

AIR PLANTS / TILLANDSIA

○ 光照：明亮的非直射光。

〰 濕度：偶爾噴霧可以避免植株乾透。

♦ 水分：每星期以微溫的水浸泡三十分鐘，最好使用雨水或煮沸降溫的自來水。浸泡完成後取出植株，瀝乾水分，避免發霉或腐爛。

✚ 照顧：空氣鳳梨喜歡溫暖通風的環境。將空氣鳳梨種植在天然木板或樹皮上，模仿它們的自然棲地。切忌將植株黏著在木板上，因為黏膠的化學物質會對它們造成嚴重傷害。

　　外形纖弱的空氣鳳梨最好養活，因為它們吸收水分和營養的部位是葉片，而非根部，所以不需要土壤或盆器。空氣鳳梨是附生植物，但它們不靠宿主攝食，而是以根系攀附在樹皮或枝幹上固定。大部分的空氣鳳梨一年開一次花，花朵之大、色彩之豔麗，都令人驚奇。它們不介意端坐在狹窄的架子上，能夠營造出寧靜的區域，非常適合住宅空間有限的人。

心葉蔓綠絨

HEART LEAF / PHILODENDRON SCANDENS

○ **光照**：偏好斑駁光或適度陰暗。強烈日照會使葉片灼傷焦黃。

≀≀≀ **濕度**：適合在溫暖潮濕的環境生長。定期噴霧，或在盆底墊一盤濕石子。

💧 **水分**：春秋之間保持土壤潮濕，冬季只在土壤略乾時澆水。

＋ **照顧**：經常用濕布擦拭葉片可以促進光合作用，加速植株生長。想要讓枝葉更茂密，可以掐掉生長端。修剪下來的莖幹很容易在水中生根（參考P172）。

如果你想要營造「叢林氛圍」，心葉蔓綠絨是絕佳選擇。心葉蔓綠絨生長迅速，也容易照顧，可以擺放在高處，讓它的枝葉自然垂落。或者種在低處，以鐵絲或苔蘚桿引導它往上生長。在非常現代化或極簡環境裡，心葉蔓綠絨的心形葉片能夠軟化冷硬的線條，鮮翠的綠意也能成為視覺焦點，讓人放鬆身心。

粗肋草

Chapter 02

淨化空氣 的 植物

　　已經有太多研究證實都市空汙物質的毒性與害處，但你知道居家環境也有空氣汙染嗎？家飾布、油漆、清潔用品和石蠟製的蠟燭都會釋出甲醛、苯和其他毒性物質，可能造成呼吸道症狀和過敏問題。美國太空總署為太空站尋找最能淨化空氣的植物時，虎尾蘭、黃椰子和不起眼的常春藤脫穎而出。我們平均百分之九十以上的時間都待在室內，所以有必要利用植物淨化居家空氣，減少有害毒性物質。

紅邊竹蕉

DRAGON PLANT / DRACENA MARGINATA

○ 光照：斑駁光線或微暗。
陽光直射會導致葉片的色
彩對比淡化。

〰 濕度：與其他植物擺放在
一起增加濕度。

◊ 水分：春天到秋天保持土
壤濕潤，冬天減少澆水。
水分過多對植物不利。

✛ 照顧：如果不希望植株長
太大，可以修剪過長或
不美觀的枝葉。葉片變成
棕色可能是水分過多或過
少，或者植株位於風口。

　　紅邊竹蕉受歡迎是有道理的，它
既長壽又好照顧，最高可以長到三公
尺的雄偉高度。它是最有效率的空氣
淨化器，可以去除苯、三氯乙烯和甲
醛等可能導致癌症與呼吸道症狀的化
學物質。搬家的時候別忘了帶著走，
它會持續幫你淨化家裡的空氣。跟其
他植物放在一起，創造健康的微型氣
候，也能讓你家白天時的氧氣更充
足。

吊蘭

SPIDER PLANT / CHLOROPHYTUM COMOSUM

○ 光照：斑駁光或微暗。

⟨⟨⟨ 濕度：低。

⬧ 水分：春季到秋季保持土壤濕潤，冬天待土壤乾透再澆水。吊蘭肥碩的根能夠保持水分，所以能承受一定程度的乾旱。

✛ 照顧：繁殖的時候可以直接將新株從母株剪下，單獨栽種在小盆子裡。

　　吊蘭是一九七〇年代居家必備盆栽，它不但非常容易照顧，也是適合初學者的最佳空氣淨化植物。住家的家飾布、溶劑和黏著劑多半含有甲醛和二甲苯，長久累積下來可能導致暈眩、咳嗽、噁心和頭痛等問題，吊蘭可以清除這些有毒氣體。將吊蘭種在籃子或盆子裡，用繩編吊在空中，可以充分展現它的美。吊蘭成株後會開出小花，花謝後就變成一株株「小吊蘭」。

常春藤

COMMON OR ENGLISH IVY / HEDERA HELIX

○ 光照：偏好明亮的非直射
　 光，也能待在陰暗角落。

〰 濕度：中。

◊ 水分：夏天保持土壤濕
　 潤，天氣轉涼後等土壤乾
　 透再澆水。

＋ 照顧：長得太大的植株需
　 要以支架或桿子支撐，小
　 型植株可以放在置物架高
　 處，讓藤蔓自然垂落。

　　常春藤通常攀爬在都市建築物外牆，或附著在林間樹幹上，一般人不認為它是居家盆栽。不過，常春藤生長速度極快，很適合拿來淨化我們周遭的空氣。它不但能有效清除甲醛和二甲苯（存在某些清潔劑之中），也能濾除黴菌、煙和灰塵等懸浮微粒，這些物質都是過敏原。常春藤種類繁多，葉子的形狀、大小、顏色與圖案各有不同。

火鶴花

FLAMINGO FLOWER / ANTHURIUM ANDRAEANUM

○ 光照：明亮的非直射光，
避免陽光直射。

⋙ 濕度：中；經常噴霧。

◌ 水分：定期澆水，避免土
壤乾透。但土壤必須排水
良好，盆底也不能積水。

＋ 照顧：在土壤裡添加樹皮
碎屑以利排水。葉片發黃
時需要換盆。

　　人們種植來自熱帶的火鶴花，主
要是為了欣賞它們色彩鮮豔的蠟質佛
焰花序，不過，它們深綠色的箭形葉
片同樣美不勝收。火鶴花喜歡溫暖潮
濕的環境和明亮的非直射光線，很容
易照顧，也很適合當作居家植物。美
國太空總署研究發現，火鶴花最能有
效清除空氣中的氨氣、二甲苯和甲
醛。

粗肋草

CHINESE EVERGREEN / AGLAONEMA

○ 光照：喜歡陰暗環境，避免強烈日照。

〰 濕度：中；偶爾以微溫水噴霧。

◊ 水分：夏季保持土壤濕潤，冬季日光減弱時減少澆水。避免盆底積水導致根系腐爛。

＋ 照顧：避開風口位置。全株有毒性，不可食用。

　　粗肋草是優雅的小型盆栽植物，葉片的形狀像矛，葉面通常有乳白色、粉紅色或銀色圖案。很適合放在小公寓的陰暗角落。植株生長緩慢，最高大約五十公分。雖然體型不大，卻有極佳的空氣淨化能力，能夠濾除甲醛、苯等工業毒性物質，還能增加室內白天的氧氣。

虎尾蘭

SNAKE PLANT / SANSEVIERIA TRIFASCIATA

○ 光照：喜歡溫暖明亮的環
　　境，也能忍受陰暗。

⑫ 濕度：低。

◊ 水分：少量澆水，大約兩
　　星期一次，冬季則是一個
　　月一次。

✛ 照顧：植株如果長得太
　　大，可以移出來分為兩小
　　株（參考P174）。

　　強健的虎尾蘭穩居空氣淨化植物的冠軍寶座。根據美國太空總署研究，虎尾蘭可以清除空氣中的苯、甲醛、三氯乙烯和二甲苯。它同時也釋出生命所需的氧氣，讓室內空氣更清新。如果你想物色一種舒緩呼吸道症狀的植物，虎尾蘭是上選。百合科的虎尾蘭素有「粗壯強悍」的形象，栽植上幾乎不可能失手。它生長緩慢，疏於照料會長得更好，只要不過度澆水，可以活許多年。

黃金葛

DEVIL'S IVY / EPIPREMNUM AUREUM

○ 光照：斑駁光或微暗。

))) 濕度：中。

◊ 水分：春秋之間土壤乾透再澆水。冬季土壤保持微濕即可。

＋ 照顧：如果養來做爬藤，可以將莖固定在支架或格架上。剪下來的枝條很容易在水裡生根（參考P172）。

　　黃金葛是健壯的小型植物，最適合初學者栽植，就算棄之不顧也不會抗議。它能適應陰暗光線和不定時的澆水。在故鄉玻里西尼亞（Polynesia），它的藤蔓可以長到二十公尺，沿著樹幹竄上樹冠層。幸好，養在盆子裡生長速度緩慢得多，定期修剪也可以避免植株過於龐大。擺在架子高處，讓亮澤的黃綠色葉片優雅地垂落地板。黃金葛也能清除空氣中的苯、甲醛和二甲苯。

袖珍椰子

PARLOUR PALM / CHAMAEDOREA ELEGANS

○ 光照：斑駁光。

〰 濕度：中到高，可以經常噴霧。適合養在廚房或浴室。

◐ 水分：夏季等土壤表層乾透再澆水，冬季減少澆水頻率。棕櫚科植物不喜歡過多水分。

✛ 照顧：底部的葉子變黃是自然現象，可以修剪掉。如果葉子末端變成棕色，可能是空氣太乾燥，或位於風口。

　　袖珍椰子從維多利亞時期開始流行，姿態典雅，羽毛般的葉片鬱鬱蒼蒼。它和其他棕櫚科植物一樣，能讓居家空間多一點熱帶綠洲的氛圍。袖珍椰子能夠有效清除空氣中的甲醛，容易照顧，最高能長到三公尺，成為宜人的視覺焦點。想要植株長得快樂又健康，最好遠離暖氣口或其他熱源。

白鶴芋

PEACE LILY / SPATHIPHYLLUM

○ 光照：斑駁光或微暗。

〰 濕度：中。

💧 水分：土壤乾透再澆水，
但需避免植株枯萎，否則
深綠色葉片會失去光澤，
慢慢變黃。

➕ 照顧：容易養活。它的白
色肉穗花序（花軸）會隨
著時間變成綠色，最後轉
為棕色。轉成棕色後就可
以摘除。

　　白鶴芋看似不起眼卻值得栽種。
它的花期穩定，長達幾個月，可以承
受低光照與一定程度的疏忽。它可以
清除空氣中的揮發性有機化合物（例
如溶劑）。研究顯示，白鶴芋也能減
少空氣中的黴菌，避免過敏與氣喘症
狀惡化。白鶴芋還有助眠的附加價
值，給你一夜好眠。

波士頓腎蕨

BOSTON FERN / NEPHROLEPIS EXALTATA

○ 光照：斑駁光或微暗。

〃 濕度：中到高。定期噴霧。

◊ 水分：春秋之間土壤保持
略濕；冬季等土壤乾透再
澆水。

＋ 照顧：難易度中等。如果
葉片末端變為棕色，可能
是植株過於乾燥，需要增
加濕度。為了保持植株的
美觀，將枯萎的葉片從根
部剪除。炎熱的季節每兩
星期施用一次營養液有利
生長。

　　波士頓腎蕨淡定優雅，喜歡微暗
的潮濕環境。浴室是最適合它的地
點。只要條件合適，它能長成壯觀的
植株，直徑達到一公尺。最適合以吊
籃或繩編花器展示。當室內空氣乾
燥，尤其是冬天開暖氣時，將盆器放
在濕石子上，為它提供濕氣。波士頓
腎蕨能清除空氣中的甲醛和二甲苯，
舒緩這些汙染物質造成的頭痛和呼吸
道問題。

瓶子草與龜背芋

Chapter 03

<u>助眠</u>

的

植物

　　釋出大量氧氣的植物有安撫作用，緩解失眠問題。有些植物利用一種名為景天酸代謝（crassulacean acid metabolism，簡稱CAM）的光合作用，會在夜晚（而非白天）釋放氧氣。有的植物則會濾除汙染物質和空氣中的微生物，比如黴菌孢子和細菌。這些微生物會侵擾你的呼吸道，打亂你的睡眠模式。有些居家植物則是能夠降低血壓、減緩心跳、安撫你的感官。

薰衣草
LAVENDER / LAVANDULA

○ 光照：擺放在窗邊明亮處。

≈ 濕度：低。

◊ 水分：一次性澆透，等土壤乾燥後再給水。

✛ 照顧：花期過後移入防凍盆器，讓植株在室外過冬，開花時再移進室內。

經常覺得精神緊繃嗎？薰衣草能幫助你放鬆。薰衣草撫慰人的香氣據說能降血壓並減緩心跳速率，因此能紓解壓力，給你一夜好眠。薰衣草精油通常用來作為室內或枕頭的芳香噴霧。薰衣草的花朵也有同樣的安撫功效，與此同時還能裝點你的臥室，添加宜人香氛。

多花素馨
SCENTED JASMINE / JASMINUM POLYANTHUM

○ 光照：斑駁光，避免陽光直射。

≈ 濕度：低。

◊ 水分：開花時保持土壤濕潤，否則花朵會變成棕色，提早凋落。

✛ 照顧：春夏之際每兩星期施用一次液態肥料。

多花素馨是一種美麗的藤類植物，讓它的醉人香氣盈滿你的臥室，能夠安撫你的感官，引你入眠。花店銷售的多花素馨通常纏成環狀，或盤繞在金字塔形架子外圍，綻放的花朵能驅散冬季的陰暗。花季過後氣溫上升，將植株移到戶外。

黃椰子

ARECA PALM / DYPSIS LUTESCENS

○ 光照:偏好斑駁光。

⋙ 濕度:中;每隔幾天噴霧一次,或在盆底墊一盤濕石子。

◊ 水分:炎熱的夏季頻繁澆水,特別是擺放在明亮處時。冬季降低給水頻率。

✛ 照顧:盆子尺寸決定植株大小,因此,如果你希望限制它的生長,持續使用小盆。每隔五年到十年換盆。

黃椰子是最容易居家栽培的棕櫚科植物,最高可以長到兩公尺。如果空間足夠,不妨讓它成為你的臥室的亮點。首先,它是天然的加濕器,大型植株一天能釋出多達一公升的濕氣!其次,它能淨化空氣中的有害毒性物質,例如會刺激皮膚的甲醛。最後,這神奇植物能在夜間釋出氧氣,助眠功效堪稱一流。

梔子花

GARDENIA / GARDENIA JASMINOIDES

○ 光照：斑駁光。

〰 濕度：高。定期對葉片
　　（避開花朵）噴霧，或盆
　　器底下墊一盤濕石子。

◊ 水分：保持土壤濕潤。可
　　能的話盡量使用雨水、煮
　　沸放涼的自來水，或過濾
　　水。冬季減少給水。

✛ 照顧：選擇溫暖的房間，
　　避免擺放在風口。氣溫
　　太冷太乾可能導致花苞掉
　　落。

　　梔子花雖然不好照顧，但它們實
在美極了。它的香氣確確實實令人迷
醉，能讓人睡得深沉，得到充分休
息，研究證實效果不輸安眠藥和鎮靜
劑。花一點時間細心照顧它，你會得
到豐碩的回報。

蝴蝶蘭

MOTH ORCHID / PHALAENOPSIS

○ 光照：喜歡明亮的斑駁光。

〣 濕度：中；可以偶爾噴霧。

◌ 水分：蘭科植物不需要土壤，通常使用樹皮碎屑或蘭科植物專用土。不喜歡水分過剩，氣根卻不能乾透，所以不妨偶爾將植株泡水，但要確實瀝乾水分。可能的話使用雨水、過濾水或煮沸放涼的自來水。

＋ 照顧：蝴蝶蘭開花不分季節，想要它再次開花，可以將第二根橫向枝條以上的花梗修剪掉。

蝴蝶蘭異國情調的花朵廣受喜愛，我們經常可以看到它們被裹在透明包裝紙裡，哀傷地守候在超市收銀台前。可能是因為隨處可見，它們的存在似乎已經被視為理所當然。蝴蝶蘭適合與竹芋屬等雨林原生植物或深綠色蕨類擺放在一起，可以充分襯托出它的嬌豔。蝴蝶蘭很適合放在臥室，它會在夜間釋出有益健康的氧氣，還能清除某些油漆或亮光漆中的二甲苯。

馬拉巴栗

MONEY TREE / PACHIRA AQUATICA

○ 光照:明亮的非直射光。

〰 濕度:喜歡高濕,所以每隔幾天噴霧一次,或盆底墊一盤濕石子。

◊ 水分:春季到秋季每星期澆水,或土壤表面乾燥時給水。冬季減少澆水。

✛ 照顧:適時掐掉莖部尖端,讓枝葉更為茂密。馬拉巴栗跟某些居家植物一樣,不喜歡換環境。剛買回家的馬拉巴栗可能會掉幾片葉子。給它一點時間適應新家即可。

馬拉巴栗據說能帶來好運,在亞洲被視為開運植物,是風水專家喜歡選用的盆栽。來自南美洲濕地的馬拉巴栗在原生棲地可以長到十八公尺高,但如果栽種在小盆子裡,細心修剪,就能養成枝繁葉茂的居家盆栽。幼株柔軟的枝幹極具延展性,有些商家會將它們編成辮子造型,因此又稱辮子樹(plaited plant)。馬拉巴栗容易養活又美觀大方,還能淨化空氣,夜間好發呼吸道症狀的人不妨在臥室擺一盆。

聖誕仙人掌
CHRISTMAS CACTUS / SCHLUMBERGERA TRUNCATA

○ 光照：斑駁的非直射光。

))) 濕度：中；定期噴霧有利
生長。

♦ 水分：保持土壤濕潤，但
不要濕透或積水。聖誕仙
人掌不喜歡根部濕淋淋。
可能的話使用雨水。

✚ 照顧：開花後需要休養生
息，所以之後幾個月要減
少水分和肥料，放在暖氣
房外，但需防凍。春天的
時候讓它重回溫暖與明亮
的地方，恢復規律給水，
細小花蕾很快就會冒出
來。

　　美麗的聖誕仙人掌來自森林，冬
天開花，因此得名。聖誕仙人掌不難
栽培，只要細心照顧，多半可以趕在
聖誕節開花。它不但能在節慶時裝點
你的臥室，夜間還能勤奮釋放氧氣，
改善空氣品質。它跟其他空氣淨化植
物一樣，能夠清除甲醛和苯等有害物
質。

瓶子草

PITCHER PLANT / SARRACENIA

○ 光照：明亮的陽光。

≈ 濕度：高。

◊ 水分：肉食性植物生長在沼澤濕地，喜歡濕潤但排水良好的土壤。

✛ 照顧：想要養出漂亮的瓶子草，介質最好使用泥炭土和砂質顆粒土各半。肉食性植物喜歡冬天的涼爽氣候，那時它們會進入半休眠狀態。使用雨水或過濾水，因為自來水的礦物質對它們有害。避免炎熱、乾燥的環境，也不要放在風口。

夏天夜晚躺在床上醞釀睡意，嗜血的蚊子卻在你耳畔高頻率嗡嗡叫，還有什麼比這更挫折人的？如今夏季的氣溫越來越高，這些惱人的蚊蟲數量變多，而且幾乎從日落吵到清晨，活躍一整夜。肉食性植物或許可以幫助我們控制這些害蟲，減少化學驅蚊劑的使用。肉食性植物總共有三大類。捕蠅草（venus flytrap／dionaea muscipula）一旦發現倒楣的蒼蠅落入它的陷阱，會立刻合上它恐怖的大嘴；瓶子草用它們管狀葉裡的蜜汁溺死並消化獵物；毛氈苔則是用它們葉面的黏性捕捉昆蟲。在臥室裡擺幾盆不同種類的肉食性植物，在你進入甜美夢鄉後，它們會辛勤地維護你的安寧與平靜。

八角金盤

Chapter 04

保你
身心康健
的
植物

只要接近植物，我們馬上覺得全身放鬆、情緒也跟著提升，身心都更安康。利用植物將居家環境布置成更正向的空間，也能讓人感覺更舒適、牢靠與安全。照料植物可以提醒你更用心照顧自己。

紫鵝絨

VELVET PLANT / GYNURA AURANTIACA

○ 光照：明亮的非直射光最為理想。光線不足時紫色會變淡。

〰 濕度：低；葉片不喜噴霧。

◊ 水分：避免過度給水，因為紫鵝絨根系容易腐爛。土壤表層兩公分乾燥後再澆水。

＋ 照顧：紫鵝絨的莖容易長得太長，適時修剪生長端讓枝葉更茂密。

　　頗有哥德風格的紫鵝絨是非常獨特的植物，深綠色葉面長滿柔軟的紫色細毛，觸感像極了天鵝絨。與植物進行肢體互動，比如觸摸葉片，也能紓解壓力，增進心理健康。這種效益是雙向的。觸摸植物能激發植物內部的生化作用，增加它對害蟲和疾病的抵抗力，植株的莖也能更強健。

　　紫鵝絨壽命不長，居家栽植或許只能存活兩、三年。不過它生長速度極快，很容易以剪下的枝條繁殖，因此，理論上植株能代代繁衍，延續許多年。

香葉天竺葵

'ATTAR OF ROSES' SCENTED GERANIUM / PELARGONIUM

○ 光照：天竺葵喜歡太陽，最好放在光線充足的窗台上。

〰 濕度：低。

◊ 水分：土壤徹底乾透再澆水。

＋ 照顧：寒冷季節遠離爐火或暖氣口等直接熱源，也可以放在防凍門廊過冬。春天時擺放在日照充足的窗台，施用通用肥料可以促進生長。葉片可以摘下來浸泡熱水，製成有安撫功效的玫瑰香茶。

　　刺鼻的室內芳香劑，比如芳香噴霧、插電式薰香器和香氛蠟燭，會讓你的家瀰漫誘發頭痛的化學物質。既然有天然的香氛，為什麼要選擇合成製品？大多數植物為了吸引授粉動物，會利用花朵散發香氣，但香葉天竺葵的珍貴精油卻是藏在葉片裡。摘下葉片用手指搓揉，會聞到一陣令人愉悅的香氣。

蘇鐵

SAGO PALM / CYCAS REVOLUTA

○ 光照：明亮的非直射光。

〰 濕度：中；夏天為葉片噴
霧。

◊ 水分：夏季土壤乾透時澆
水，冬季保持乾燥。

✚ 照顧：避免過度給水，不
可澆淋根部頂端以免腐
爛。整株植物都有毒性。

　　蘇鐵這種植物已經從恐龍時代存
活至今，它們外形雖然像棕櫚樹，實
際上卻是蘇鐵屬，是一種類似蕨類的
原始常綠植物。蘇鐵很容易養，生長
速度緩慢，也許可以陪伴你一輩子。
搬家時別忘了帶走，因為它是完美的
紓壓植物，也會努力淨化空氣清除毒
性物質，並且增加室內濕度。

八角金盤

FATSIA / FATSIA JAPONICA

○ 光照：偏好斑駁光或微暗。

))) 濕度：低到中。

◊ 水分：春天到秋天土壤乾燥時徹底澆濕。冬天減少給水。植株過於乾燥葉片會明顯下垂，發生這種現象時將盆子浸泡在水中十分鐘，之後拿出來瀝乾。八角金盤不記仇，泡過水後會迅速恢復生機。

✛ 照顧：冬天將盆栽擺放在涼爽的位置，遠離壁爐或暖氣口等直接熱源。

　　八角金盤適合新手栽種，光滑的大型葉片狀似手掌。單獨擺放會是美觀的大型植物，如果與其他大葉熱帶植物聚集在一起，形成的微型氣候可以增加室內濕度。室內濕度的均衡對身心健康至關緊要，尤其冬季的暖氣導致空氣乾燥，鼻腔和喉嚨也會因為乾燥容易感染風寒或呼吸道疾病。家裡擺盆八角金盤增加濕度，身體的不舒適自然而然得到緩解。

紅背竹芋

FURRY FEATHER / CALATHEA RUFIBARBA

○ 光照：散射光。陽光直接
照射容易灼傷葉片。

〰 濕度：高。盆底墊一盤濕
石子，定期為葉片噴霧。

◊ 水分：暖和的季節保持土
壤濕潤，冬季減少給水。
植株缺水時葉片會捲起。

十 照顧：用濕布擦拭葉片，
避免灰塵堆積。不可使用
市售亮葉劑，以免損害纖
弱的葉片。

　　紅背竹芋是竹芋家族另一位美人
兒，也有令人驚豔的熱帶簇葉，有資
格在你家中占一席之地。紅背竹芋之
所以受歡迎，是因為它的葉片背面是
酒紅色，長有細毛，觸感柔軟像天鵝
絨。研究顯示，撫摸紅背竹芋的葉片
和葉柄對我們的心理健康頗有助益，
讓我們更平靜、更快樂。

苔蘚盆景

— 寬口透明玻璃容器，附蓋子
— 苔蘚、裝飾用小石子、天
  然木片
— 盆栽土、細砂礫、活性碳

＋ 照顧：避免陽光直射。每
  星期打開瓶蓋噴霧幾次，苔
  蘚不能乾透。蓋緊瓶蓋可以
  減少水氣蒸發，並且形成
  自給自足的微型氣候。玻
  璃上如果沒有水氣凝結，
  代表裡面的空氣太乾燥，
  需要為苔蘚補充水分。

室內園藝對於我們心理的好處，據說不亞於在花園裡實際動手做。對於我們這些住在市區、多半沒有花園的百分之八十人口而言，這是個好消息。利用玻璃栽培瓶或大玻璃瓶打造桌上苔蘚花園，是將戶外帶進室內的好辦法。只需要卵石、木片和活苔蘚，就能在家裡培養出微型森林。

怎麼做

在玻璃瓶底部鋪一層細砂礫，上面再鋪一層盆栽土。盆栽土預先拌入兩匙活性碳，避免真菌滋生。將苔蘚覆蓋在土壤上，上面點綴卵石和木片（必要時可使用長夾）。將苔蘚噴濕，蓋上瓶蓋。

絲葦、蕨類苔球、玻璃栽培瓶

減壓
植物

　　有個美國權威生物學家[1]認為，人類具有跟大自然親近的天性，他創造「生物友善性」（biophilia）這個詞語來描述這種現象。我們大多數人長時間待在人工照明的建築物裡，幾乎沒有機會接觸自然環境，很容易產生焦慮與壓力。居家植物生長的土壤含有微生物（暱稱野外啡[2]），是天然的抗憂鬱劑，能刺激大腦「快樂化學物質」血清素的分泌。

---

1 指社會生物學家愛德華・威爾森（Edward Osborne Wilson，1929年生）影響深遠的觀點，他認為人類具有生物友善性。換句話說，人類天生喜歡親近其他生命體。
2 Outdoorphin，應該是以腦內啡（endorphin）造出來的字。

聖羅勒

HOLY BASIL / OCIMUM TENUIFLORUM

○ 光照：明亮的陽光。

≈ 濕度：中。

◌ 水分：土壤乾透後徹底澆濕。

✛ 照顧：羅勒種子在室內發芽迅速，所以可以一整年循環栽培。

　　聖羅勒在印度阿育吠陀醫學中名為「圖爾西」（tulsi），是印度教的聖草，也是對身心靈都有好處的藥用植物。聖羅勒的花朵和葉子散發獨特香氣，據說可以安撫神經，減輕焦慮。聖羅勒也是絕佳的供氧盆栽，一天之中釋出氧氣長達二十小時。正如大多數室內栽植的藥用植物，聖羅勒最好放在日照充足的窗台，冬天遠離直接熱源。

毬蘭

WAX FLOWER / HOYA CARNOSA

○ 光照：明亮的非直射光。

≈ 濕度：中；適合定期噴霧。

◌ 水分：春夏兩季保持濕潤；冬天土壤乾透再給水。避免盆底積水導致根系腐爛。

✛ 照顧：在土壤中添加樹皮碎屑以利排水。花謝後不要剪掉花梗，隔年會再開花。

　　毬蘭能讓你的房間滿室生香，瞬間提振你的情緒。它美麗的星形花朵的香氣近似茉莉花，帶點香草和椰子味。仔細觀察毬蘭的花，你會發現每一朵都掛著一滴花蜜。起床後想來點糖分醒醒神，不妨嚐一口花蜜的甜美滋味。

禪意砂盤

需要的材料
— 枝葉緊湊、葉形對稱的植物，
　例如石蓮花（Echeveria）
— 玻璃淺盤，直徑至少是植株
　的三倍
— 細砂和迷你耙子

十 照顧：玻璃盆擺放在光線
　明亮處，避免直接日照。砂
　子乾燥時再為石蓮花澆水。

在日本禪宗傳統中，開關並照料禪意花園是禪修的一種方式。在細砂中耙出同心圓能讓人心情平靜，注意力更集中。耙砂的時候注意力鎖定手部動作的緩慢節奏，這能幫助你釋放製造壓力的念頭。這種技巧名為「砂紋」，具有美學與靜心雙重功效。看起來雖然不難，但想要持續耙畫，需要耐心與高度專注力。

怎麼做

將多肉植物安排在淺盤角落，周圍填滿細砂，高度幾乎與盤子相等，但不要埋掉植株底部的葉片。使用耙子在細砂上畫出同心圓。不妨在細砂中添加幾滴你最喜歡的精油，增加耙砂時的專注力。

玻璃栽培瓶

需要的材料

— 有蓋的玻璃瓶或玻璃罐
— 砂礫、活性碳、多功能栽培土
— 多種觀葉植物與苔蘚

＋ 照顧：選擇明亮的非直射光，玻璃務必擦拭乾淨，確保植株有足夠的光線進行光合作用。有些植物會活得比較好。如果第一星期發現小型植株死亡，打開瓶蓋小心移除，避免干擾其他植株。

這個美麗的迷你景觀不難栽培，自成完整的生態系統。玻璃栽培瓶配置完成後能夠自給自足，免除後續維護的壓力。你可以使用附蓋的密封瓶，比如醃漬瓶。最好選擇寬口瓶，操作時方便得多。一開始選用小瓶子，熟練之後再換大瓶子。適合在這種環境生長的小型植物包括蕨類、苔蘚和葉片特別搶眼的植物，例如竹芋和網紋草。

怎麼做

在瓶底鋪一層約五公分的砂礫，加入一匙活性碳充分混合，防止真菌滋生。接下來填上十五公分的土壤。用手指（瓶口太小則使用挖洞器）在土壤挖出適合第一株植物的洞。將植物從原本的盆子取出，撥鬆根系以利生長，輕輕把植物種進洞裡，再將周遭土壤拍實。用同樣方式栽種其他植物，植株之間務必保留足夠的生長空間，同時確保空氣流通。所有植物種好後就澆水，土壤適度濕潤即可。最初幾天不必密封，土壤乾了可以再給水，等植株長好再蓋上瓶蓋。

絲葦仙人掌

MISTLETOE CACTUS / RHIPSALIS BACCIFERA

○ 光照：間接散射光。

〰 濕度：高；可定期噴霧。
偶爾可以幫植株沖個澡，
算額外激勵。

◊ 水分：夏季大量給水，但
務必確認盆底排水孔通
暢，根系不會泡水。冬天
減少水分。缺水時植株的
莖會乾癟。

✚ 照顧：喜歡早晨的陽光，
午後喜遮蔭。強烈陽光會
使葉片枯焦。絲葦的白色
小花凋落之後結出的果實
狀似槲寄生的漿果。

美麗的絲葦相當罕見，養一盆在
家裡可以消除生活壓力。這種仙人掌
沒有刺，是生長在雨林樹冠層的附生
植物。絲葦仙人掌有別於沙漠仙人
掌，喜歡高濕環境，肉質的莖部能保
有水分。絲葦非常適合擺放在浴室，
泡澡放鬆的時候也能欣賞舒心的綠
意。

蕨類苔球

需要的材料
— 蕨類植物
— 赤玉土
— 覆地苔蘚
— 園藝麻繩

✛ 照顧：苔球重量減輕時，
　代表水分不足。將苔球浸
　泡在水中十到十五分鐘，
　直到完全濕透，取出瀝
　乾，再將苔球放在陽光照
　射不到的潮濕位置。

　　蕨類苔球的栽培法來自日本。這
種盆栽不使用花器，植株的根以土壤
包裹，再包覆一層苔蘚，以園藝麻繩
綑成球狀，可以懸掛單獨一株形成視
覺焦點，也可以多株聚集在一起，形
成「繩吊花園」，創造更強大的視覺
效果。苔球也可以放在淺碟上觀賞。
選擇適合以黏土培育的蕨類，動手為
自己製作苔球，可以有效紓解壓力。
製作這精緻又美麗的活體藝術需要專
注，因此也是另一種靜心。

怎麼做

　　將蕨類植株從盆子裡取出來，輕
輕甩掉大部分土壤，再用泡濕的赤玉
土裹住根部。裹出的球體尺寸最好接
近原來的盆子。接著以覆地苔蘚包覆
球體，用麻繩將苔蘚綑牢。

水培綠球藻與蝴蝶蘭

Chapter 06

創造
快樂幸福
的植物

　　每天照顧你的植物，看著它們欣欣向榮，就能感到幸福與滿足。侍弄盆栽是一個徐緩、靜心的歷程，甚至能讓人謙卑。室內園藝讓你培養耐性——植物的生長不能催促——也給你未來的希望。照顧植物雖然花時間，但看著新生的葉子舒展，或剪下的莖段生根，那份喜悅就是最大的回報。科學研究證實，園藝能夠提振我們的情緒，讓我們更開心，更樂觀。

翡翠木

JADE PLANT / CRASSULA OVATA

○ 光照：明亮或非直射光。

〰 濕度：低。

◊ 水分：夏季土壤乾透時澆水；冬季少量給水，只要避免植株乾癟即可。

✛ 照顧：二到三年換盆一次。成熟的植株可以長到壯觀的一公尺高，擺在任何空間都是吸睛焦點。

　　翡翠木的照顧特別簡單，這或許是它們在世界各地長久受到喜愛的原因之一。翡翠木是多肉植物，莖和葉都能保有水分，因此不喜歡頻繁澆水，甚至容許一定程度的忽略。在亞洲，翡翠木象徵好運、財富和興旺。講究風水的人會將它們放在東南方位，每一片新生的葉子據說都代表財富。雖然財富不等於幸福，但花點時間照顧翡翠木，你一定能得到回報。

綠之鈴

STRING OF PEARLS / SENECIO ROWLEYANUS

○ 光照：明亮的非直射光。

〰 濕度：低。

◊ 水分：適度。表層土壤乾燥再澆水。冬天保持略濕、避免葉子乾癟即可。

✛ 照顧：莖部只要接觸土壤就容易生根，可以用這種方式繁殖，或讓植株更為茂密。

在居家盆栽受歡迎度方面，綠之鈴這美麗小巧的多肉植物是常勝軍，也是最讓人心情愉悅的植物。綠之鈴來自南非，它的球形葉片無論形狀或大小都類似豌豆仁，將水分流失減到最低，光合作用升到最高。細看綠之鈴的葉子，你會看見上面有深綠色條紋，有點像貓眼。這個條紋是葉表窗口，允許光線進入葉片內部，增加光合作用的面積。聰慧、迷人又好照顧的綠之鈴是完美的居家良伴。

酪梨

AVOCADO / PERSEA GRATISSIMA

需要的材料
— 酪梨籽
— 牙籤四根
— 寬口玻璃瓶

＋ 照顧：放在溫暖乾燥的地方，必要時加水。三到四星期後應該會生出主根，之後則是鬚根。

酪梨籽會裂開，長出幼株。幼株長到大約十公分高、冒出兩片葉子時就拿掉牙籤，連同種子移植到盆子裡，以多用途土壤培育。盆子要有足夠空間蓋過半顆種子，方便根系生長。放在明亮、非直射光的溫暖處所。你自己培育的酪梨樹應該不會長到結果的成熟期，但這不是重點。從無到有培育幼苗，是為了享受親手種出異國風情盆栽的樂趣。

怎麼做

手拿酪梨籽，尖的那端朝上，將四根牙籤平均插在中間部位。牙籤是為了形成支架固定酪梨籽，所以務必插牢，至少深入五公釐。將酪梨籽架在裝了水的玻璃瓶上緣，酪梨籽底端必須泡在水裡。

薑

GINGER / ZINGIBER OFFICINALE

需要的材料
- 一段薑
- 多用途土壤
- 有孔盆器

＋ 照顧：幾星期後綠色嫩芽會破土而出。經過六到八個月，應該會有足夠的薑可供採收。薑也是相當美觀的居家盆栽，喜歡溫暖明亮的地方，避免陽光直射。

居家種薑一點也不難，不需要付出太多心力，只要幾個月就能採收嫩薑。嫩薑口味溫和，適合為各種飲品增添風味，也是亞洲菜餚的重要配料。種植大約一年就能收成可以繁殖的老薑。一開始可以使用市場或超市買來的新鮮老薑，選擇體型圓胖表皮光滑的薑塊，最好末端有小小的淡黃色區域（稱為芽眼），莖葉會從這裡冒出來。芽眼朝上種在土裡，幾個月後你就會得到好看的居家盆栽。

怎麼做

種薑塊的時候讓芽眼跟土壤表面一樣高度，充分澆水，用乾淨的塑膠袋蓋住盆子，放在溫暖明亮的地方。

非洲茉莉

STEPHANOTIS / STEPHANOTIS FLORIBUNDA

○ 光照：非直射光或斑駁光。

〰 濕度：中；盆底墊一盤濕
　　石子；定期噴霧。

◇ 水分：夏季保持土壤濕
　　潤，冬季減少給水。

✛ 照顧：開花期間每星期施
　　用高鉀肥一次，通常是從
　　春季到秋季。

　　研究顯示，氣味可以刺激我們的
情感。如果你在他鄉異地度假時曾經
聞到過植物的芳香，非洲茉莉的香氣
會立刻讓你回想起那個快樂的地方。
非洲茉莉是來自馬達加斯加的亞熱帶
爬藤植物，變成寒帶地區的居家植物
卻是適應良好。給它格架或鐵絲，它
交纏的莖部就能爬上暖房或溫室的牆
壁。

水培綠球藻

MARIMO WATER GARDEN

○ 光照：避免陽光直射，否
　則球藻會轉為棕色。綠球
　藻可以在一般的室內光線
　下進行光合作用。

◊ 水分：每一到二星期換水
　一次，天氣暖和時常換
　水。瓶裝水或自來水都無
　妨。

✛ 照顧：綠球藻在原生棲地
　會在湖底隨著水流滾動，
　因此維持圓形狀態。如果
　你的綠球藻外形走樣，輕
　輕撥動盆中水，讓它換個
　角度躺。綠球藻生長非常
　緩慢，一年約長五公釐。

　　綠球藻外形像個漂亮的苔蘚球，真實身分卻是水藻，生長在日本阿寒湖與冰島米湖（Myvatn Lake）的潔淨水質中。根據傳統說法，送出與收到綠球藻的人都能心想事成。這些綠色球體象徵禁得起歲月與苦難的考驗、恆久不變的愛情。

石蓮花與水培綠球藻

Chapter 07

辦公室 的 植物

　　研究顯示，在綠化的辦公室裡，員工的工作效率更高，身心也更健全。所謂「病態建築症候群」（sick building syndrome）的形成，是因為建築物空氣不流通。當濕度偏高或偏低，空氣中就會產生大量黴菌與細菌等汙染物質。如果空間受限，可以選擇棒葉虎尾蘭（African spear／Sansevieria cylindrica）與仙人掌等桌上型小盆栽，或在架子上擺盆綠之鈴。如果空間與光線條件都充足，就大膽選擇能為辦公室增添風格與異國情調的立地型盆栽。

石蓮花

ECHEVERIA / ECHEVERIA

○ 光照：陽光或斑駁光。

〰 濕度：低。

◊ 水分：夏季土壤乾透再澆
水。冬天植株會休眠，給
水量應減至最低。

＋ 照顧：種在迷你盆器裡的
迷你植物很容易乾透。將
幾株小型植物一起種在大
盆子或玻璃栽培瓶裡，不
但美觀養眼，在照顧上也
省時省事。

　　一株單調的仙人掌很容易被忽
視，但將一群仙人掌種在造型奇特的
盆子裡，你的桌面就會展現獨特個
性。石蓮花有幾百個不同品種，各有
特色，是理想的辦公室植物。只要擺
放在日照充足的明亮處，仙人掌和多
肉植物就不需要費心照料。對它們太
好反而可能要它們的命，所以水分越
少越好。石蓮花的玫瑰形葉片能儲存
水分。它們的葉片色彩有淡紫、灰、
粉紅，質感可能是平滑或毛茸茸，形
狀或圓或尖。石蓮花的色彩、質感與
形狀豐富多樣，市面上多半以小型盆
栽出售。

烏帽子

BUNNY EARS / OPUNTIA MICRODASYS

○ 光照：全日照或斑駁光。

≋ 濕度：低。

◊ 水分：夏季豔陽高照時每星期澆水一次。冬天只需給水一、兩次，春天恢復定期澆水。

✛ 照顧：冬天放在沒有暖氣的房間。春天再放回比較暖和的位置，以利開花。

烏帽子仙人掌看起來像卡通兔子，但可別碰它們的耳朵！它們的平面莖幹上布滿名為倒刺毛（glochid）的細毛，很容易沾上皮膚，感覺像細小的刺，會造成皮膚不適，必須用鑷子夾出來。用心照顧，到了夏天你就能欣賞到美麗的碗狀黃花。

斑馬蘆薈

ZEBRA ALOE / HAWORTHIA ATTENUATA

○ 光照：斑駁光。

≋ 濕度：低。

◊ 水分：夏季待土壤乾透再澆水，冬季少量給水。

✛ 照顧：陽光直接照射會使葉子變黃。

斑馬蘆薈葉片非常緊密，生長也極為緩慢，特別適合家中空間不寬敞的人栽植。只要夠溫暖，不受陽光直射，它們就能開心成長。

魚骨仙人掌

FISHBONE CACTUS / EPIPHYLLUM ANGULIGER

○ 光照：斑駁光或微暗。

≀≀≀ 濕度：中；喜定期噴霧。

◊ 水分：春天到秋天定期澆
水，但務必等土壤乾透再
給水。冬天保持乾燥，偶
爾給一次水。

╋ 照顧：冬季移出暖氣房，
以利隔年秋天開花，淡黃
色花朵會散發甜美香氣。

　　如果你的桌面已經擺不下，就盡
量利用垂直空間，比如把盆器放在架
子上，或利用繩編懸掛起來。懸掛在
空中的魚骨仙人掌姿態優雅，但要避
免直接日照。

燭台樹

COWBOY CACTUS / EUPHORBIA INGENS

○ 光照:明亮。

〰 濕度:低。

◊ 水分:夏季生長期適度給
水,冬天休眠期只需澆水
一到二次。

✛ 照顧:燭台樹是大戟屬植
物,分歧的莖幹內部的乳
白色汁液含有劇毒,可能
會造成皮膚不適,更不宜
食用。

燭台樹外形如雕像般莊嚴,能夠
長到相當高大。一開始可以放在桌
上,但做好心理準備,日後長得太大
需要移到明亮的位置。

鵝掌蘗

UMBRELLA PLANT / SCHEFFLERA ARBORICOLA

○ 光照：喜歡明亮的非直射光，但可以承受較陰暗的光線。避免強烈陽光。

〰 濕度：中；略微乾燥也能適應。

◊ 水分：土壤表層乾透再澆水，盆底孔洞排水務必暢通。葉子變黃顯示水分過多。

✛ 照顧：每隔兩年的春天換盆。光線陰暗時植株會徒長，可以修剪頂端，讓枝葉更茂密。

鵝掌蘗適應力強，是理想的辦公室盆栽，因為它對空調建築適應良好。雖然鵝掌蘗能承受一定程度的忽略，但如果用心照顧，它的掌狀葉片就會油亮光澤。遵循栽培要點，你就會收穫生長快速的健康植株。

美鐵芋

ZZ PLANT / ZAMIOCULCAS ZAMIIFOLIA

○ 光照：偏好斑駁光或微
暗，但能適應大多數明亮
環境。

〰 濕度：低。

◊ 水分：夏季少量給水，土
壤表層乾透再澆水。冬天
一個月澆水一次。

✛ 照顧：修剪過長的枝椏，
確保葉簇緊密。春季是最
佳的修剪時機。

　　從許多方面看來，美鐵芋都是辦
公室盆栽上選。體質強悍，能承受忽
略，也能適應陰暗或強光及乾燥環
境。它同時也是絕佳的空氣淨化植
物，能清除在辦公室中導致噁心頭痛
的二甲苯和苯（存在溶劑、墨水和油
漆中）等毒性物質。美鐵芋也是供氧
高手，能改善室內空氣品質。

蜘蛛抱蛋

CAST IRON PLANT / ASPIDISTRA ELATIOR

○ 光照：微暗或遮蔭。

〻 濕度：低。

◊ 水分：土壤表層完全乾透再澆水；冬季減少給水。

✛ 照顧：夏季施肥一次，以利新葉生長。二到三年換盆一次。

　　植物如其名，強健的蜘蛛抱蛋（英文俗名的cast iron意為鑄鐵）非常適合擺在其他植物不喜歡的風口或陰暗位置。蜘蛛抱蛋外形雖然不夠搶眼，但它的葉子頗有一點雄偉張狂的意味，而且式樣各自不同，有紛雜的條紋或大小斑點。

琴葉榕

FIDDLE-LEAF FIG / FICUS LYRATA

○ 光照：明亮的斑駁光。

〻 濕度：高；喜定期噴霧。

◊ 水分：夏季土壤乾透時澆水，冬天保持濕潤即可。

✛ 照顧：容易養活，重點在於不過度澆水，避免盆底積水造成根部腐爛。

　　琴葉榕來自熱帶雨林，跟其他榕樹一樣，是體積龐大的居家盆栽，能夠柔化室內外之間的界線。它們的大型葉片不但能清除空氣中的汙染物質、調節濕度，還能吸收噪音，因此非常適合用來降低辦公室的背景聲響。如果空間不夠寬敞，可以選擇比較緊密的迷你化植株。

荷威椰子

KENTIA PALM / HOWEA FORSTERIANA

○ 光照：喜半遮蔭。

〰 濕度：中；每隔幾天噴霧一次。

◊ 水分：春秋之間表層土壤乾燥時澆水；冬天減少給水。

✛ 照顧：夏季每兩星期施用一次液態肥料。植株如果擺在風口或靠近暖氣口，葉子邊緣會變棕色。

　　大葉植物（包括棕櫚樹）是天然的濕度調節器，相對濕度偏低時，它們會透過蒸散作用釋出更多水分，濕度高時則減低蒸散速度。室內的濕度對人體健康有重大影響：濕度太低容易感染風寒或流感，太高則可能滋生各種黴菌與塵蟎。荷威椰子喜陰，最高可以長到二點五公尺，最適合成為辦公室陰暗角落的亮點。

腎蕨

SWORD FERN / NEPHROLEPIS EXALTATA

○ 光照：喜歡明亮的非直射光，但也能接受微暗。

〰 濕度：中。

◌ 水分：夏季確保土壤潮濕，但慎防盆底積水。冬天土壤乾透再給水。

✛ 照顧：避免陽光直射與風口；冬天遠離暖氣口，熱風可能導致葉片凋落。

　　腎蕨跟波士頓腎蕨是近親，同樣能夠清除室內空氣中的毒性物質。研究發現腎蕨清除甲苯的功效勝過同類植物。甲苯是一種溶劑，存在油漆、膠水、黏著劑和清潔用品中。甲苯可能引發呼吸道症狀，會加重氣喘患者的病情。有別於波士頓腎蕨，腎蕨更能適應辦公室的乾燥空氣，株型相當緊密，適合擺在辦公桌上。

蜻蜓鳳梨

Chapter 08

加速
康復
的
植物

　　植物能提升醫療環境。根據研究，病房裡有植物，病人會比較樂觀，血壓和壓力都比較低。另有研究證實，醫院擺放盆栽可以讓病人的不適症狀改善百分之二十五。只要接近植物，病人的心情就比較平靜，病痛也更快痊癒。研究也發現，植物可以減低對止痛藥的依賴。

鳥巢蕨

BIRD'S NEST FERN / ASPLENIUM NIDUS

○ 光照：斑駁光或微暗。

〉〉 濕度：中到高；每隔幾天噴霧一次有利生長。

◇ 水分：保持土壤濕潤，但避免積水。

＋ 照顧：夏季每兩星期施用均衡液態肥料。

空氣太乾燥會引發各種健康問題，比如頭痛、眼睛發炎、喉嚨痛與皮膚不適，透過空氣傳播的病毒也會更活躍。由於暖氣會導致空氣乾燥，冬季室內濕度的維持變得更加重要。相對濕度偏低也可能造成呼吸道症狀惡化。

如果你生病在家休養，可以把腎蕨和其他同樣喜陰的蕨類植物擺放在一起，以利增加室內濕度。找個好看的碟子裝些濕石子，將腎蕨放在上面，就是天然的加濕器。

鐵線蕨

MAIDENHAIR FERN / ADIANTUM RADDIANUM

○ 光照：斑駁光或微暗。

〰 濕度：中到高；盆底墊一盤濕石子，或每日噴霧。

◊ 水分：時時刻刻保持土壤濕潤。

✝ 照顧：萬一植株缺水，將盆子放進水槽浸泡，直到土壤濕透為止。春天可以修剪掉雜亂或枯黃的莖幹，很快會長出新的。

　　鐵線蕨是最美麗的蕨類植物，想要順利養活，必須保持足夠的濕度，經常澆水，遠離風口。跟其他喜歡濕氣與陰暗的蕨類一起放在蒸氣氤氳的浴室，植株會長得更好，也更容易存活。

武竹

EMERALD FERN / ASPARAGUS DENSIFLORUS SPRENGERI

○ 光照：斑駁光或微暗。

⟩⟩⟩ 濕度：中到高；每隔幾天
噴霧一次有利生長。

◌ 水分：保持土壤濕潤，但
避免積水。

╋ 照顧：如果根系滿盆，可
以在春季換盆。

武竹看似纖弱，其實非常強悍。
微彎的莖幹狀似羽毛，可以長得相當
長。適合放在吊盆或架子高處觀賞。

蜻蜓鳳梨

URN PLANT / AECHMEA FASCIATA

○ 光照：非直射光或微暗。

〰 濕度：中。

◌ 水分：讓葉子圍成的甕（又
稱蜻蜓鳳梨的「水槽」）蓄
滿水。

✛ 照顧：每個月至少一次清
空蜻蜓鳳梨的「水槽」，
沖洗乾淨。如果發現葉片
有沉積物，就更常沖洗。
使用過濾水或雨水可以避
免自來水造成水垢堆積。

蜻蜓鳳梨來自巴西，是觀賞鳳
梨，有銀色葉片和霓虹粉尖狀花瓣。
跟龜背芋和蔓綠絨等枝葉蒼翠的森林
植物擺放在一起，可以襯托出它獨特
的銀色葉子。觀賞鳳梨能有效清除空
氣中的揮發性有機化合物，尤其是指
甲油和家庭清潔用品所含的丙酮。這
些毒性物質會讓氣喘症狀惡化。

蘆薈

ALOE / ALOE VERA

○ 光照：明亮光線或斑駁光。

〜 濕度：低。

◇ 水分：春天到秋天兩星期澆水一次；冬天保持土壤略乾。

十 照顧：陽光直射可能導致葉片發黃，所以夏季應當稍微遠離窗戶。可以將母株旁冒出的子株移出另植（參考P174）。

蘆薈外形華麗美觀，葉片厚實，大多數人都知道它的藥用價值。蘆薈葉片內部的膠狀物質含有豐富的維生素、酵素和胺基酸等化合物，對傷口或燒燙傷頗有療效。蘆薈凝膠有抗菌與抗發炎功效。大多數人不知道它也能淨化空氣，清除家中的甲醛。蘆薈適合放在光線明亮的窗台，不需要多花心思照顧。蘆薈肉質厚實的葉片能夠蓄積水分，所以應當減少給水。廚房最好擺一盆蘆薈，方便緊急處理輕微燙傷或曬傷。使用時完整切下靠近底部的葉片，將凝膠塗在患部。沒用完的葉片用保鮮膜包裹放進冰箱冷藏，可以存放兩星期。

天線虎尾蘭

Chapter 09

增強
<u>腦力</u>與<u>專注力</u>
的植物

　　植物可以緩解腦力疲憊。我們之所以沒辦法長時間盯著電腦工作，是因為我們處理這種任務的能力受到限制。這種能力就是所謂的直接注意力（directed attention）。直接注意力有別於間接注意力。在公園散步時抬眼望向樹叢，或近距離觀察葉片的脈絡，使用的就是間接注意力。間接注意力輕鬆不費力，可以讓直接注意力暫時休息，為下一階段的螢幕工作做好準備。上班時間你可能沒有辦法去公園散步，那麼就在工作場所擺放植物，創造公園般的綠化環境。

變葉木

CROTON / CODIAEUM VARIEGATUM

○ 光照：明亮的非直射光。

〰 濕度：高；盆底墊一盤濕石子，以保持高濕度。這個方法比對葉片噴霧來得好。

💧 水分：春夏兩季使用微溫水保持土壤濕潤；冬天土壤乾透再給水。

✛ 照顧：遠離風口，時時保持溫暖，但避免靠近暖氣口。溫度應保持在攝氏十五度以上。

根據研究，受試者在有活體植物的環境中執行工作，表現比在沒有自然氣息的環境中工作的人更為優異，正確率也比較高。想要欣賞色彩繽紛的枝葉不需要走到戶外。變葉木花樣鮮明、變化多端的葉子就像多彩多姿的秋天。變葉木有點嬌貴，不喜歡改變或干擾。光是從花店搬回家，就可能讓它們受到驚嚇，造成葉子掉落。不過別擔心，一旦在溫暖潮濕的環境安頓下來，葉子會再長出來。

石頭玉

LIVING STONES / LITHOPS

○ 光照：明亮充足的陽光；每天最好有四到五小時日照。

〰 濕度：低。

♦ 水分：夏季植株進入休眠，因此從春天到夏末少量給水。初秋時節增加水分，維持葉片飽滿。

✛ 照顧：晚秋時分葉片之間會開出花朵。花謝後，開花的小裂縫會長出一組新的葉子。這時應該完全停止給水。新葉會從漸漸衰敗的老葉吸收所需的水分和營養。

在桌上擺幾盆奇特的石頭玉，方便你轉換間接注意力。工作時偶爾休息個幾分鐘，仔細觀賞這種神奇的多肉植物。石頭玉生長在岩石地帶，因此演化出類似石頭的外觀。它們利用這種聰明特質躲避沙漠中飢腸轆轆的草食性動物。

薄荷
MINT / MENTHA

○ 光照：日照充足的明亮處。

〰 濕度：低。

◊ 水分：澆水時讓土壤吸飽水分，下次等乾透再給水。

✛ 照顧：夏季移到室外。花朵會影響葉片的養分吸收，花梗冒出不妨摘掉。

　　薄荷是耳熟能詳的植物，種類繁多，每一種都有天然的刺激氣味。薄荷的氣味讓人神情氣爽，心情愉悅。摘片葉子在指間揉搓出薄荷精油，送到鼻端深深吸氣。如果你覺得精神倦怠，摘幾片葉子加熱水泡杯薄荷茶。早晨的薄荷精油濃度最高，因此是泡薄荷茶的最佳時機。

迷迭香
ROSEMARY / ROSMARINUS OFFICINALIS

○ 光照：強烈陽光。

〰 濕度：低。

◊ 水分：澆水時讓土壤完全濕透，下次等乾透再給水。

✛ 照顧：偏好含砂礫、排水良好的土壤，慎防盆底積水。可以摘除莖幹末端，讓枝葉更茂密。

　　迷迭香是常用的烹調香料，研究發現它的化合物能增進腦部功能，光是嗅聞它的味道，就能增強我們對複雜事件與工作的記憶。迷迭香通常種植在戶外，盆栽擺放在門前台階或日照充足的朝南窗台也能茁壯生長。想要體驗它功效強大的香氣，摘下葉子在指間搓揉，送到鼻端深深吸氣。迷迭香的微小分子會經由鼻腔進入血液，再送到腦部。

天線虎尾蘭

'MIKADO'AFRICAN SPEAR / SANSEVIERIA BACULARIS

○ 光照：偏好斑駁光或微暗，但能適應大多數光線條件。

〰 濕度：低。

◊ 水分：少量。夏季土壤乾透再澆水；冬天每月給水一次即可。

✝ 照顧：天線虎尾蘭喜歡根系緊湊在一起，換盆時新盆的直徑與舊盆的差距應以五公分為限。使用排水良好的仙人掌專用土壤，或在多用途土壤裡添加樹皮碎屑。

讀書做功課時如果有植物相伴，專注力會提升，記憶力也會更好。如果你需要融會貫通大量資訊，不妨在桌上擺些盆栽，小巧緊湊的天線虎尾蘭就是很好的選擇。天線虎尾蘭強韌，恢復能力強，能忍受一定程度的缺水，也能適應明亮與陰暗光線。

棕竹

BAMBOO PALM / RHAPIS EXCELSA

○ 光照：微暗或陰暗。

〰 濕度：低到中；夏季常噴霧。

◌ 水分：春季到秋季給水，但避免積水；等土壤乾透再澆水。冬季減少給水。

十 照顧：夏季可以接受遮蔭環境，冬天光線不足時最好移到窗子旁。

棕竹這種枝葉繁茂的大型植物能營造蓊鬱蒼翠的環境，有助於提升專注力。棕竹是最容易養活的棕櫚科植物，能忍受低光照和乾燥的空氣，雖然生長緩慢，卻有機會達到二公尺高度。棕竹還有另一個好處。根據美國太空總署研究，它能有效清除室內空氣中大多數毒性物質。

月兔耳

PANDA PLANT / KALANCHOE TOMENTOSA

○ 光照：斑駁光或明亮非直射光。

〰 濕度：低。

◊ 水分：土壤乾透再澆水，最好從底部給水，避免水滴噴濺損害葉片。可以將盆器放在裝水的淺盤上，直到土壤表層濕潤為止。

✚ 照顧：月兔耳最高可以長到一公尺，形成頗為龐大的植株，儼然具有樹木的輪廓。月兔耳極易繁殖，切下的葉片能生根發芽（參考P175）。

月兔耳葉片布滿絨毛，觸感柔軟，讓人忍不住伸手撫摸，值得在桌面為它留個位置。只要觸摸柔軟平滑的葉片，就能紓解壓力。如果你覺得壓力大，需要轉移注意力，在身邊擺一盆月兔耳，讓自己快速鎮定下來。

橡膠樹
RUBBER PLANT / FICUS ELASTICA

○ 光照：斑駁的非直射光；
直接日照會灼傷葉片。

≀≀ 濕度：暖和的季節經常以
冷水噴霧。

◊ 水分：夏天土壤表層乾透
時澆水；冬天保持土壤濕
潤即可。

✛ 照顧：春天適度修剪以維
持樹形美觀。二到三年換
盆一次，避免根鬚滿盆。
遠離風口，避免溫度急遽
變化，否則可能導致葉片
掉落。

　　橡膠樹是相當好看的室內植物，
最喜歡跟其他大型盆栽（比如棕櫚科
植物或龜背芋）聚在一起，抱團維持
室內濕度。橡膠樹生長速度快，只要
提供它所需的關懷與照顧，它會很快
長成壯觀的大樹。凝視頗具異國情調
的橡膠樹能夠提振精神，讓你重新專
注處理手邊的工作。

酒瓶蘭

Chapter 10

幫助你
溝通
與建立關係
的植物

居家植物能夠增進你的人際關係。據
說園藝愛好者人際關係比較好。常跟植物
接觸的人比較有同情心；願意花時間照顧
植物的人，也比較願意照顧其他人。增加
盆栽數量一點也不難（參考P171），分享
植物能拉近跟朋友和同事之間的距離。

鏡面草

PASS IT ON PLANT / PILEA PEPEROMIOIDES

○ 光照：明亮的非直射光。

〰 濕度：中到高。

◊ 水分：春夏兩季保持土壤濕潤，避免盆底積水。冬季土壤表層乾燥再給水。

✚ 照顧：春天是繁殖鏡面草的最佳季節，溫暖的氣候和明亮的陽光會促進根和葉的生長。冬天生長速度緩慢得多。經常旋轉盆器，讓植株每一面得到等量光線。成熟的植株會顯得有點蓬亂，頂端過於厚重，正是栽植更緊湊有型的新株的好理由。

　　株型緊密的鏡面草來自中國，很容易栽植，放在臥室、浴室或辦公室都能適應良好。鏡面草正如它的英文俗稱（pass it on，意為傳遞）所暗示，一點也不難繁殖，因此也適合拿來與朋友分享。當幼株從土壤中冒出來，細心切下來另行種植。

紫葉酢漿草

BRAZILIAN BUTTERFLY / OXALIS TRIANGULARIS

○ 光照：明亮的非直射光。

〰 濕度：中。

◊ 水分：土壤表層乾透再澆水；冬天只需偶爾給水。

✛ 照顧：如果以塊莖切段種植，紫葉酢漿草會在冬季休眠，葉片自然凋零。這時將盆子移到沒有暖氣的房間，停止給水。到了溫暖的春天，新芽會開始萌發，這時可以將植株挪回原來的位置，開始澆水。

　　美麗的紫葉酢漿草狀似三葉草的嬌嫩葉片會與光線呼應：夜晚閉合，日出後再度舒展。它跟酢漿草有親戚關係，葉子和粉紅色花朵都可以食用，帶有淡淡的柑橘香氣。整個夏季摘掉花朵會持續長出來。紫葉酢漿草的根部有大小種球結合成團，很容易分株繁殖。

酒瓶蘭

PONYTAIL PALM / BEAUCARNEA RECURVATA

○ 光照：明亮的充足日照。

〰 濕度：低。

◊ 水分：夏季大約一星期澆
水一次，等土壤表層完全
乾透再給水。冬季讓土壤
幾乎乾燥。

✛ 照顧：酒瓶蘭的莖幹能儲
存水分，無論幼株或成株
都能充分保持濕潤，以利
植株熬過冬季休眠期。擺
放的位置應該避開冷風。

　　酒瓶蘭壯碩的莖幹無論質地或形
狀都酷似象腿，所以又稱象腿樹。酒
瓶蘭頂著向下垂落的細長葉片，最高
可以長到一公尺，相當引人注目。隨
著植株成熟，莖幹根部會冒出幼株。
這些幼株很容易取下，細心種植就能
長出根系。

愛之蔓

STRING OF HEARTS / CEROPEGIA WOODII

○ 光照：斑駁光，避免陽光
直射。

〃 濕度：低。

◊ 水分：根據經驗法則，表
層土壤乾的時候再澆水，
冬季減少給水。

✛ 照顧：千萬不要過度給水。

　　愛之蔓是美麗的蔓生植物，生長
快速，旱季會沿著根莖發展出蓄水塊
莖。這些塊莖可以切下來另行種植，
不過直接用莖段繁殖更簡便。愛之蔓
跟頭髮一樣，也需要定期修剪。

多肉法師

TREE AEONIUM / AEONIUM ARBOREUM

○ 光照：明亮，日照充足。

〰 濕度：低。

◊ 水分：土壤乾透時徹底澆濕，但盆底不能積水。冬天少量給水。

✚ 照顧：冷天放置在涼爽防凍的位置，遠離暖氣口。

法師跟長生草（houseleek／Sempervivum）等多肉植物一樣，有簇生的肉質玫瑰形葉片。植株一開始葉簇緊密，等到成熟期，莖部會長得太長，看起來頭重腳輕。將過長的莖修剪下來繁殖，既能調整株型，也能與朋友分享。

吊竹草

INCH PLANT / TRADESCANTIA ZEBRINA

○ 光照：明亮，避免直接日
照。

〰 濕度：中到高。

◊ 水分：保持土壤濕潤，但
要避免積水。冬季土壤乾
透再澆水。

＋ 照顧：吊竹草成熟後枝葉
可能會過長，顯得參差不
齊，只要經常掐掉新芽，
枝葉就會比較茂密緊湊。
掐下來的尖端養在水裡就
能生根。

銀紫條紋的吊竹草與水竹草屬
（Tradescantia）其他成員一樣，以容
易生根著稱。不妨在架子上擺滿這美
麗的植物，打造生氣盎然的牆面。

銀點秋海棠

POLKADOT BEGONIA / BEGONIA MACULATA

○ 光照：斑駁光或微暗。

〰 濕度：中。

💧 水分：夏季每星期澆水，
但需等土壤乾透再給水。
如果水分太多，秋海棠的
肉質莖幹很容易腐爛。冬
天減少給水，但如果葉片
卷曲，代表植株缺水。

✛ 照顧：溫暖的季節保持濕
度，可以在盆底墊一盤濕
石子。不要對葉片噴霧，
否則可能導致灰黴病，助
長黴菌滋生。冬季遠離暖
氣口與通風口。

　　銀點秋海棠葉面有鮮明的銀色斑
點，乳白色花束彎曲垂掛，是非常受
歡迎的秋海棠。莖段養在水裡極易生
根，因此容易繁殖。

串珠草

DONKEY'S TAIL / SEDUM MORGANIANUM

○ 光照：明亮的陽光；避開
　夏季午間的強光。

〰 濕度：低。

◌ 水分：夏季適度給水，等
　土壤表層完全乾透再澆
　水。冬季少量給水。

✛ 照顧：澆水的時候應直接
　淋在土壤上，避免濺濕飽
　含水分的豐滿葉子。過度
　給水可能導致植株腐爛，
　冬季尤其容易發生這種問
　題。

串珠草的葉子十分脆弱，容易斷
裂，需要細心呵護。六年以上的成熟
植株有機會長到三十公分長，每一串
都掛滿沉甸甸、豐滿多汁的葉子。有
時候葉串會因為過重而斷裂，好消息
是離株的莖幹很容易生根。成熟的莖
幹可以分成數段，最多能繁殖出六株
串珠草跟朋友分享。

網紋草

MOSAIC PLANT / FITTONIA VERSCHAFFELTII

○ 光照：非直射光或適度遮蔭。

〰 濕度：高。

◊ 水分：全年保持土壤濕潤。

✚ 照顧：如果不是養在玻璃容器裡，就在盆底墊一盤濕石子維持濕度。雖然土壤需要保持濕潤，但也要避免積水，否則纖細的根鬚會腐爛。不過，如果放任土壤連續乾燥幾天，葉子會明顯枯萎。這時只要徹底澆濕，植株就會恢復元氣。

　　嬌小的網紋草喜歡潮濕環境，很適合養在玻璃瓶或栽培瓶裡。植株長到十至十五公分時，可以輕輕將莖幹分成三到四份，盡量多留根鬚。將分出來的植株搭配迷你蕨類或苔蘚養在玻璃瓶裡，是送給朋友的活物好禮。

龜背芋

如何
<u>選擇</u>
盆栽

選擇適合你的植物把它們帶回家

　　培養綠手指的第一步，是選擇適合你的居家環境的植物，為它們提供生長與茁壯需要的條件。一開始可能覺得茫然，但如果找到的花店或苗圃的工作人員受過訓練，能提供專業建議，成功的機率會比較高。

　　首先，思考你的居家環境。光照與溫度如何？有多少空間？想把植物放在什麼地方？從容易照顧的植物入手，等到累積出心得，再挑戰需要專業照顧的植物。如果家裡有寵物或幼童，不妨考慮選擇懸掛植物，避開寵物擺動的尾巴和滿地爬的幼兒。

　　等你選好想帶回家的植物，仔細看看那株植物是不是健康。沒有得到妥善照顧的植物比較容易遭受病蟲害，仔細觀察葉片和土壤，不難看出蛛絲馬跡。植物的葉子是健康狀態的最佳指標：葉面出現棕色斑塊或發黃，代表植物可能生病或感染病毒。別忘了檢查葉片背面，找找害蟲或病灶。細小的綠色或白色飛蠅、灰色的黴菌或白粉病，都是感染的徵兆，最好避免。

　　順便查看有沒有根鬚從盆底孔洞擠出來，這代表植株的根已經滿盆，需要移到大一點的盆子。或許你很想買下來，但這

鳥巢蕨

株植物可能因為營養不良變得衰弱，日後容易發生病蟲害。

　　一旦你挑選的植物通過層層把關，花點心思將它們打包帶回家（熱帶盆栽植物特別容易因劇烈溫差而受損）。好好保護你的熱帶植物，避免它們受到冬天的嚴寒和夏天的日曬摧殘。

為你的植物選擇合適的盆器

大多數居家盆栽都種在附有排水孔的黑色塑膠盆裡。這種盆子雖然談不上美觀，卻最實用，因為塑膠材質能鎖住水分，排水孔可以避免積水。如果你想幫植物換個裝飾性更強的盆器，突顯枝葉的特性，為你的盆栽塑造獨特風格，就選個尺寸相等，同樣有排水孔的物件。就算新盆沒有排水孔，還是可以拿來當作外盆使用。澆水時務必將植株連同塑膠盆取出，澆過水後也要等水分瀝乾再放進外盆。

回到家以後，你的植株需要一段適應期，以便在新環境安頓下來。最初幾星期葉子掉落是正常現象，這時不要增加水分或肥料的供應，否則植株會承受更多壓力。耐心等候，幾星期後植株就會穩定下來，這時你應該能看到植株冒出新芽。

世界各地有不少盆栽愛好者樂於分享寶貴經驗，比如植株的照顧、繁殖與美化，參考本書附錄的實用資源。

雙線竹芋與龜背芋

Chapter 12

養出
健康的
植株

　　如果你為植株提供最佳生長條件，它就會更努力為你付出。舉例來說，健康的植株淨化空氣的效能要比掙扎求生的植株來得優越。得到良好照顧的植株外形更美觀、色彩更鮮豔，因此更賞心悅目。

購買盆栽最好選擇專業店家。擁有專業素養的店員能夠教你怎麼照顧你選中的植物。店員給的建議既是經驗之談，也因為他們了解植物的原生棲地，知道它們的生存所需。大多數枝葉繁茂的植株都來自南美、亞洲或非洲的赤道雨林，那裡的氣候通常是高溫潮濕。在雨林的樹冠層底下，植物在非直接日照的環境裡蓬勃發展。某些生長在地面的小型植物更是在陰暗的環境生機盎然。這類植物通常偏好光線斑駁、溫暖潮濕的位置。有刺的仙人掌和附帶蓄水莖葉的多肉植物多半來自乾旱的沙漠，適應炎熱乾燥的生存條件。這些植物需要日照充足的明亮位置，水分也不能太多。

在原生棲地時，這些植物擁有陽光、雨水和土壤提供光照、水分和營養，滿足它們的基本需求。一旦我們將植物栽種在盆子裡帶回家，它只能仰賴我們提供這些基本需求。因此，買盆栽的時候務必選擇專業店家，以便獲得最好的栽種建議。善待你的植株，它們會用愛回報。

光照

照顧盆栽的第一步是了解植株所需的光照條件，而後找出家中最合適的位置。天窗下方是理想地點，因為陽光可以均勻灑在植株上。朝南的窗台是最明亮、溫度最高的位置，朝北的窗台則最涼爽、光線也最暗。光線的強度會隨著季節上下波動，也會被高大的建築物或樹木阻擋。花點時間審酌你的生活空間的光照條件，方便你為植株找到完美位置。

適合的植物

琴葉榕
魚骨仙人掌
心葉蔓綠絨
鏡面草
豹紋竹芋
綠之鈴
龜背芋
某些仙人掌和多肉植物

明亮非直射光

這類植物喜歡靠近窗戶的位置，卻要避免直接日照。斑駁光最適合它們，所以你可以加裝透明窗簾，或與朝南窗戶保持大約一公尺距離。這樣的光照條件適合絕大多數大葉熱帶植物。

適合的植物

仙人掌和多肉植物
天竺葵
酒瓶蘭
迷迭香
虎尾蘭

直接日照

這類植物多半來自沙漠或地中海沿岸，喜歡在豔陽下生長。它們最喜歡待在光線充足的窗台，夏季每天可以享受十二小時以上的陽光。有些窗子底下設有暖氣口，冬季時會讓植株乾渴缺水。冬季休眠的植物最好移到沒有暖氣的地方。有些植物承受不了夏天

的烈日，卻喜歡冬天的柔和陽光，春天以前可以將它們擺放在窗台。

適合的植物

觀賞鳳梨
竹芋
粗肋草
蕨類
常春藤
翡翠木
袖珍椰子
白鶴芋
虎尾蘭
吊蘭

微暗或陰暗

　　這類植物原本就生長在斑駁光或略微遮蔭的環境，比如雨林裡的大樹旁。它們不喜歡會灼傷葉片的直射光，偏好潮濕多雨的環境。選擇房間裡日照有限、只有人工光源的角落。喜歡陰暗潮濕環境的植物在浴室和廚房的濕氣中長得最茂盛。

水分
與
濕度

　　澆水的頻率視植物的種類與季節而定。在天氣溫暖光線充足的時節，植物蒸散速度比較快，因此需要更頻繁給水。一般來說，葉簇繁茂的盆栽喜歡濕透的土壤，下一次澆水則需等到土壤表層乾燥。這種給水法比每隔幾天澆少許水來得好，因為頻繁給水可能導致土壤積水。檢查植物是不是缺水最簡便的方法是將手指插進土壤五公分，如果仍然濕潤，就等到完全乾燥再給水。你也可以伸手捧一下懸掛植物的盆底，覺得重量有點輕，代表需要澆水。多肉植物和仙人掌的葉子和莖部能儲水，給水太多會腐爛，所以澆水前先確認土壤已經徹底乾透。到了冬天植物生長緩慢，很多居家植物會進入半休眠狀態，這時應該減少給水，尤其是仙人掌和多肉植物。檢查一下，看看盆子底部的排水孔夠不夠大，方便多餘的水分排出，以免根系泡在水裡。泡水是根系腐爛的主因，植株可能因此死亡。

　　很多室內盆栽植物來自熱帶，習慣高濕環境。經常為植物噴霧，將多種植物放在一起，都是增濕的好辦法。植株的蒸散作用會創造出潮濕的微型氣候。蕨類和竹芋喜歡浴室或廚房的潮濕環境。仙人掌和多肉植物來自乾燥地區，需要溫暖乾燥的環境。

肥料

你的植物只在夏季生長期需要肥料。植物透過根系吸收溶解後的肥料，所以土壤乾燥會限制植物對養分的吸收。大多數居家植物需要含有氮、磷、鉀的均衡液態肥料。市售肥料可分液態或固態，固態使用前需要以水溶解。花期當中或開花前則需要高鉀肥料。小樹般的茂密居家植物比較適合長效型粒狀肥料，這種肥料多半撒在土壤表面，也可以使用一年埋一次的肥料棒。過度施肥對植株有害，可能導致生長緩慢或葉尖發黃。

換盆

植物需要換盆的最典型跡象是根系擠到盆底排水孔外。輕輕把植物從盆子中移出來，你會發現根系沿著盆子內側盤旋，緊緊擠成一團。如果植物澆水後迅速枯萎，或葉子顏色變淺或泛黃，也顯示它沒辦法從土壤獲得足夠的養分，需要換個大一點的盆子。有個粗略的原則：大多數成熟植物需要二到三年換盆一次，成長期的植物則更頻繁。最佳的換盆季節是深冬或早春，那時植物剛開始生長。

最多選擇大一號的盆子（通常直徑比原來的盆子大五公分以內），盆底的排水孔要夠大，方便多餘的水分排出。換盆前三十

分鐘大量澆水，而後把植株取出來，在新盆裡鋪上一層土壤。多用途土壤可以適用大多數植物，但仙人掌、多肉植物和蘭花需要專用土壤。輕柔地梳理緊密的根鬚，以利根系生長。接著把植物種進新盆，土壤表面應在盆子上緣以下大約一公分。以土壤將縫隙填滿，輕輕往下壓，擠出土壤中的空氣。但不要壓得太緊，否則氧氣沒有辦法到達根系。充分澆水，等水分確實瀝乾再放回你選定的位置。

不過，如果你的盆栽是大型植物，而你希望限制它的生長，可以修剪根與莖。根莖的修剪一年最多一次，最佳時機是春天，使用乾淨銳利的修枝剪刀。修剪莖幹的時候永遠只剪在節點上，所謂節點是莖幹上的生長新葉的突起部位。如果植物長得太高，而你希望枝葉更緊密，可以直接將莖部末端掐掉。這麼做可以激勵側枝生長，莖幹下端會變得更茂密。

離家期間
的
植物照顧

遵循以下原則，回到家時就能看到不缺水的快樂植物：

— 將植株搬離窗台：夏季的太陽會讓它們過熱失水，冬天卻又太冷，所以最好離窗台遠一點。

— 將所有植物聚攏在一起，形成潮濕的微型氣候。在蕨類等喜濕植物盆底墊一盤濕石子。隨著盤子裡的水分蒸發，植株會被水氣圍繞。

— 如果家裡有浴缸，在裡面鋪兩條浸濕的舊毛巾充當墊子。把植物擺在濕毛巾上，方便它們吸取需要的水分。

— 如果你家沒有浴缸，在廚房水槽蓄水，在瀝水板上放一條毛巾，毛巾一端泡在水裡。把植物擺放在毛巾上，毛巾會將水分吸上來，適時為植物解渴。

— 做個滴水瓶為大型植物供水。將塑膠飲料瓶的底部切掉，用烤肉叉在瓶蓋上鑽個小洞。將瓶子倒過來，再把瓶蓋和瓶頸塞進土壤。在瓶子裡裝水，當成蓄水池，讓水慢慢滴進土壤。

植物
與寵物

　　勸說你的寵物跟植物和諧相處並不容易。小狗不難教，只要有寵物玩偶等物品可玩，牠們就不會騷擾植物。貓卻比較難掌控，尤其是家貓。牠們會咬植物的葉子，用腳掌拍藤蔓，無聊的時候會把架上的吊籃植物拉下來。野貓會嚼食青草催吐，藉此清除胃部的毛球、碎骨和羽毛。如果你的家貓喜歡吃草，經常啃你的室內盆栽，就種幾盆貓草。貓草的種子很容易發芽，幾星期後你的貓就會擁有專屬的室內草地任牠啃咬。

　　本書介紹的某些居家植物對動物有毒性，中毒反應取決於吃下的數量和寵物的體型大小，但症狀通常是嘔吐和胃部不適。

適合的植物

棕竹
波士頓腎蕨
聖誕仙人掌
石蓮花
蝴蝶蘭
袖珍椰子
酒瓶蘭
吊蘭
蜻蜓鳳梨

對寵物友善的植物

如果家裡養了喜歡咬樹葉的幼犬或幼貓，左列是對毛小孩最安全的植物。

如以下植物

心葉蔓綠絨
翡翠木
虎尾蘭
龜背芋
鵝掌藤
美鐵芋

本書介紹的這些植物對寵物具有毒性

寵物吃下這些植物可能會刺激口腔，導致嘔吐和胃部不適。

尤加利

適合
分享
的
植物

　　繁殖家中植物不但簡單又省錢，看見
幼株在自己的照顧下成長茁壯，更是充滿
成就感。你還可以把自己繁殖的幼株送給
朋友或親人，分享盆栽種植的樂趣。

　　居家盆植的繁殖有五種基本技巧：分
枝、分株、莖段土壤扦插、莖段水培扦插
及葉孵。不同植物依據它們的結構與原生
棲地，各自適合不同繁殖法。

一、分枝

＋ 照顧：澆水的時候將水直
接灌進土壤，不要淋到儲存
水分的飽滿葉片。過度給水
可能導致植株腐爛，冬季尤
然。

適合的植物
觀賞鳳梨
鏡面草
酒瓶蘭
吊蘭
蘆薈等多肉植物

對於能萌發側生芽的植物，這是
最簡單的繁殖方式。只要把從母株底
部冒出來的幼株撥下來，種在盆子裡
即可。

怎麼做

選擇大約五到十公分高的健壯側
生芽。可以直接拿刀將側生芽切下
來，或者將母株從盆器取出，細心地
將側生芽連同它的根系剝離母株。不
管用哪一種方法，都要盡量保留側生
芽的根系。找個小盆填進合適的土
壤，用鉛筆或挖洞器挖個小洞，將幼
株種進去，輕輕拍實土壤，澆一點
水，避免陽光直射。幾星期後根會長
出來，讓植株站穩在盆子裡。

二、分株

十 照顧：澆濕土壤，把植株擺放在溫暖明亮的位置，避免直接日照。這個階段避免過多水分，也不需要施肥。幼株經歷與母株分離的震撼後，需要休養一段時間。只要給它時間和一點水，它就能成長茁壯。

適合的植物
棒葉虎尾蘭
紫葉酢漿草
蜘蛛抱蛋
網紋草
白鶴芋
雙線竹芋
腎蕨與大多數蕨類
蜻蜓鳳梨

適合叢生植物。分株可以讓在盆器中過於擁擠的成熟植株多點生長空間。居家植物最佳的分株時機是春天，方便它們利用夏季生長期復元。

怎麼做

為即將分株的植株澆水，至少等三十分鐘讓水分瀝乾。把植株從盆器中取出，輕輕將植株分成二到三分，確認每一份都保留足夠的根鬚。年份較久的植株可能不容易分離，可以用鋒利的刀器切開，再拆解緊密的根團。在新盆器中填入合適的土壤，將分好的植株植入，新盆器的尺寸應該與舊盆器相等。分株時小心別損傷根系。

三、莖段土壤扦插

適合的植物
榕樹
愛之蔓
龜背芋
多肉法師

　　這個簡單的繁殖法成功率最高，
適合大多數草本植物。切下莖段的最
佳時機是春夏兩季，因為這是植物的
生長季節。在切面撒上粉狀生根激素
可以加速生根，但並非必要。

怎麼做

　　用修枝剪或鋒利的剪刀剪下大約
五到十公分莖段，切面沾點生根劑
（如果要用）。取出小盆子填入合適
的土壤，將莖段埋入土中，澆水。一
個盆子可以植入多截莖段。用塑膠袋
罩住盆子，在盆底略微固定。如果你
繁殖的是多肉法師，將玫瑰形葉簇分
枝連同五到十公分莖段剪下，擺放在
母株旁晾個幾天，讓切口癒合。取出
小盆，填入仙人掌專用土壤，輕輕將
分枝插入土中，輕拍固定，澆極少量
水。不需要覆蓋。

四、莖段水培扦插

適合的植物
秋海棠
心葉蔓綠絨
吊竹草
常春藤
絲葦仙人掌

水培生根也許是最簡單的植物繁殖法。選幾個好看的玻璃器皿，等待莖段生根的期間可以擺放在置物架上，充當短期的展示品。想要提高成功率，選擇春夏兩季切下十到十二公分的莖段，這個時間植物最容易生長。

怎麼做

剪下五公分莖段，摘掉底部的葉子，插在裝水的瓶子或細長花瓶裡，選擇能夠讓莖段豎直的容器。莖段會自然分泌激素，激勵根系從芽眼生出。如果你使用的容器太大，激素就會在水中過度稀釋，生根的時間會拉長。根鬚大約幾星期後就能長出來，如果水質變濁，記得換水。等根鬚長到幾公分長，取出莖段種進盆子中，使用多用途土壤。

五、葉孵

十 照顧：將淺盤或盆子放在乾燥明亮處，避免陽光直射。等待生根的期間偶爾為葉子噴霧，次數不必多。

適合的植物
秋海棠
仙人掌
石蓮花
翡翠木
月兔耳
虎尾蘭
以及許多仙人掌和多肉植物

雖然葉子好像不太可能長出根鬚，但很多葉子確實會生根，特別是多肉植物和仙人掌。你或許已經發現，石蓮花掉下的葉片如果落在土壤上，就會長出新芽。

怎麼做

拇指與食指捏住葉片靠近莖幹的部位，輕輕扭動，直到葉片脫落（幼株的根會從葉片底部冒出來）。你也以利用自然從母株掉落的葉片。將葉子放在避開直接日照的乾燥地點幾天，等待底部變硬，這是生根的關鍵。在淺盤或小盆子裡填入砂礫土，用噴霧瓶噴濕土壤表面，切記不要噴得太濕，以免葉片腐爛。直接將石蓮花的葉片放在土壤上，根會自動長出來。如果是其他的植物，比如仙人掌和多肉，將葉片的切面插入土壤大約二公分，幾星期後你會發現新芽冒出來。

175

Chapter 14

適合
不同空間
的
植物

自然光的浴室或廚房

適合的植物

空氣鳳梨
蕨類苔球
橡膠樹
綠之鈴
蜻蜓鳳梨

多葉植物大多喜歡潮濕，所以適合這樣的環境，但多肉植物和大多數仙人掌例外，因為它們會蓄積水分，在潮濕環境中容易腐爛。

光線陰暗的浴室

適合的植物

天線虎尾蘭
波士頓腎蕨
魚骨仙人掌
蝴蝶蘭
吊蘭

很多浴室只有一扇小窗戶，通常裝設霧面玻璃，只有少許自然光能夠通過。所幸不少來自陰暗雨林的喜濕植物會喜歡這樣的低光照環境。

陰暗角落

適合的植物

文竹
粗肋草
袖珍椰子
白鶴芋
雙線竹芋與其他竹芋屬
銀點秋海棠

如果你住在公寓地下室，家裡有個採光不佳的大房間，光線照不到房間深處或兩側，你或許覺得找不到合適的盆栽。然而，有些居家植物即使在那樣的環境也能健康繁盛，因為它們偏好遠離明亮直射光的位置。

適合的植物

大多數仙人掌
所有石蓮花屬
翡翠木
酒瓶蘭
虎尾蘭

日照充足的窗台

朝南的窗台最適合喜歡陽光的植物。不過這種明亮高溫的位置不適合枝葉茂盛的植物，所以夏季時別忘了將這類植物搬離窗台。

適合的植物

狐尾武竹
心葉蔓綠絨
吊竹草
絲葦仙人掌
鹿角蕨
愛之蔓

壁爐架或置物架

只要有足夠的自然光，壁爐架或置物架最適合擺放蔓生植物，觀賞它們向下流瀉的美麗葉簇。選用厚重的盆器，好讓植株更穩固，以免翻倒墜落。

適合的植物

鳥巢蕨
蜘蛛抱蛋
一般常春藤或英國常春藤
鳳尾蕨
黃金葛

通風良好的走廊

熱帶植物不喜歡冷風吹拂或陰暗的環境。但如果你決心為陰暗的走廊添加一點生氣，有幾種強韌的植物可供選擇。

適合的植物

棒葉虎尾蘭
蜘蛛抱蛋
石蓮花
荷威椰子
綠之鈴
斑馬蘆薈

辦公室

現代辦公室通常缺乏新鮮空氣。植物能淨化空氣，創造更健康的工作環境。如果空間有限，選擇可以放在辦公桌或置物架上的植株。

天線虎尾蘭、燭台樹與虎尾蘭

Chapter 15

十種
隨遇而安
的植物

　　無論你家環境如何，不管你多麼欠缺照顧盆栽的經驗，一定有適合你的植物。如果你曾經養死過盆栽，問題可能出在過度呵護，而不是忽略。水分過多是盆栽的第一大死因，尤其是在冬天。如果你有一段時間疏忽了你的盆栽，別為了補償而大量澆水或施肥。你可能會害植物的根吸不到氧氣，用太多的善意害死它。只要記得澆水前確認土壤表層乾透，大致上就不會錯得太離譜。以下是我推薦的十種新手植物，都非常強健，只需要一丁點照顧與注意，就能得到豐碩的回報。

01　　　　　　　　　　蘆薈

　　　擺放在日照充足的位置，夏季避免強烈的
直射光。到了冬天，蘆薈肉質豐富的葉片很能
適應暖氣的乾燥環境。只要記得少量給水，有
療癒功效的蘆薈能長出許多分枝，方便你繁殖
來與朋友分享，也可以保養皮膚或製成果汁飲
品。

02　　　　　　　　　　鳥巢蕨

　　　許多漂亮的蕨類都能居家栽種，只是某
些品種不容易照顧。但不包括堅不可摧的鳥巢
蕨。鳥巢蕨喜歡沒有直射光的涼爽位置。它鮮
豔的翠綠葉子能照亮陰暗角落。

03　　　　　　　　　　仙人掌

　　　只要複製仙人掌喜歡的乾燥、炎熱、日照
充足的環境，就不容易出大錯。仙人掌是非常
適合初學者的植物，它們能儲存水分，所以不
需要過多照顧，但需要小心避免盆底積水。確
認盆底有排水孔，土壤也有良好的排水功能。
仙人掌象徵耐力與力量，能夠適應最極端的條
件。

04 愛之蔓

　　看似纖弱的愛之蔓會在根部附近發展出塊莖，幫它度過乾旱季節。它的塊莖像迷你水槽，能儲存水分，所以就算被忽略，也不至於出問題。將它擺在有明亮非直射光的置物架高處，讚嘆它在夏季的驚人長勢。長得太長的莖幹可以修剪掉，葉子會更為茂密。

05 翡翠木

　　翡翠木是出了名的好養，它的莖幹葉片有蓄水功能，能忍受乾燥環境。

06 魚骨仙人掌

　　魚骨仙人掌來自中美洲雨林，長在沒有直射光的樹冠層高處，因為強光會灼傷它的葉片。除了非直射光之外，它唯一的要求是適度給水，每兩星期徹底澆透一次就足夠。魚骨仙人掌容易照顧卻十分稀有，如果你碰巧看到，果斷地買下來，到了夏天它會以香氣迷人的花朵回報你。

07 心葉蔓綠絨

　　美麗的心葉蔓綠絨適應力強，能接受低光照，生長速度極快。它非常適合爬上光

線不足的牆面，或從陰暗樓梯間的扶手向下垂落。

08 　　虎尾蘭

　　虎尾蘭相當長壽，也不容易養死，能陪伴你一生。它也是眾所周知的強悍植物，能忍受陰暗或強光，不管你怎麼對待它，它都應付得來。只要記住別過度給水，以免植株腐爛。

09 　　鵝掌藤

　　鵝掌藤之所以受歡迎不只是因為它美麗的掌狀葉，也因為它能忍受惡劣的生長條件，不管是乖僻的澆水習慣或乾燥的暖氣環境，它都不介意。不過，土壤乾燥的時候徹底澆透有利鵝掌藤生長，但要確認盆器排水順暢。如果盆底積水，葉子會變黃掉落。

10 　　絲蘭（Yucca）

　　氣勢雄偉的絲蘭價格不低，購買的時候挑選健壯美觀的植株，才能養得久。絲蘭相當強韌，喜歡全日照，能忍受乾旱。為你的絲蘭找個日照充足的位置，夏季放心地澆水施肥，但要慎防土壤積水。絲蘭長得很快，如果空間容納不下，直接修剪主幹，留下你喜歡的高度。修剪過後葉子很快會再長出來。

謝辭

法蘭感謝Forest和Fresh Flower Company的工作人員，特別是她的女兒Alice、Maddie和Thea。他們為公司勞心勞力，讓法蘭沒有後顧之憂。

感謝Ebury Press出版社Elen Jones的鼓勵與支持，也謝謝whitefox出版社的Caroline McArthur和Anna Kruger。最後，謝謝Stephanie McLeod和Imagist的Lucy，他們美麗的植物照片為這本書注入生命力。

《我想把植物養好：
專為連仙人掌也養不活的
初學者設計的4週園藝課》

許盛夏◎著　王品涵◎譯

**打破養不活的魔咒
成為綠手指的第一本書
4週課程養出你的植物療癒空間**

養植物高手，一定無法理解——
為什麼不太會「死」的植物，偏偏有人就是「顧死」了；
為什麼明明很好養的仙人掌，也就這樣「枯死」了；
或者明明有定期定量澆水啊，為什麼就是長不大……
這是全天下想養植物的初學者心中永遠的痛，永遠的困惑。

養植物不是因為「責任」，而是可以療癒陪伴。「伴侶植物」就像毛小孩一樣。
我們無法輕易明白植物的心，究竟需要多少日照？何時該澆水？何時該換盆？
可能今天看起來活力旺盛，第二天卻病懨懨……
但只要你做對了基本功，就可以從植物的外表，
正確接收他們傳出來的訊號，然後給出最需要的照顧。

本書設計了4週四項植物種類，從4週的體驗讓你一次完封成就感，
從不會養植物的小白，成為信心滿分的綠手指。

【內容搶先讀】

沒有百分之百好養的植物，也沒有百分之百難養的植物。

從澆水方法到換盆，一步、一步，慢慢上手，

給新手園藝家設計的健康植物栽培祕訣。

獻給好想立刻把植物帶回家，卻無法鼓起勇氣的你！

《植物學家的筆記》

申惠雨◎文字・繪圖　何汲◎譯

/ 2022年7月隆重推出 /

植物學家申惠雨六歲的時候第一次看植物圖鑑，知道了「地錢草」的名字後，此後成長的階段中，不斷發現植物的新面貌，從此成為一名植物學家，她開始變成以「植物立場」去學習並研究植物，甚至了解植物的「心靈」。

黴菌是蘭花長得更美的必要條件，如同在我們的成長歷程中，有時總以為成功是靠著自己的力量，但仔細想想，我們身邊是否有直接與間接幫助我們的人呢？

蒲公英的種子會自行散播，紫羅蘭和白屈菜的種子會透過螞蟻來搬運，它們透過自身或他力讓種子發揮到極致，那麼我們人類呢？若是我們要讓潛能發揮出來，需要什麼樣的推動力呢？

《植物學家的筆記》寫的是植物的生命之書，但也是我們透視自我的成長之書。讓我們像書中的每一株植物一樣，綻放，昂揚，美麗。

【內容搶先讀】

現在正是
花開時刻

Creative 176

聽說你的憂鬱
被一株植物療癒了

作　者｜法蘭・貝莉
譯　者｜陳錦慧

出版者｜大田出版有限公司
台北市一〇四四五 中山北路二段二十六巷二號二樓
E-mail｜titan@morningstar.com.tw　http：//www.titan3.com.tw
編輯部專線｜(02) 2562-1383　傳真：(02) 2581-8761

總編輯｜莊培園
副總編輯｜蔡鳳儀
行政編輯｜鄭鈺澐
校　對｜黃薇霓／黃素芬
內頁美術｜陳柔含

初　刷｜二〇二二年六月十二日　定價：三八〇元

網路書店｜http://www.morningstar.com.tw（晨星網路書店）
TEL：(04) -23595819 FAX：(04) -23595493
購書Email｜service@morningstar.com.tw
郵政劃撥｜15060393（知己圖書股份有限公司）
印　刷｜上好印刷股份有限公司
國際書碼｜978-986-179-737-3　CIP：435.11/111005860

國家圖書館出版品預行編目資料

聽說你的憂鬱被一株植物療癒了／法蘭・貝
莉著；陳錦慧譯. ──初版──台北市：大
田，2022.06
面；公分. ──（Creative；176）

ISBN 978-986-179-737-3 （平裝）

435.11　　　　　　　　　　111005860

Text © Fran Bailey 2019
Photography © Stephanie McLeod 2019
Design by Imagist
First published as THE HEALING POWER OF
PLANTS in 2019 by Pop Press, an imprint of Ebury
Publishing. Ebury Publishing is part of the Penguin
Random House group of companies.
This edition arranged with Ebury Publishing, a
division of The Random House Group Limited
through BIG APPLE AGENCY, INC., LABUAN,
MALAYSIA.
Traditional Chinese edition copyright:
2022 TITAN PUBLISHING CO., LTD.
All rights reserved.